# 记忆赋能

## 15天练出过目不忘的记忆法

[日] 池田义博 著

見るだけで勝手に記憶力がよくなるドリル1

中国青年出版社
CHINA YOUTH PRESS

**图书在版编目(CIP)数据**

记忆赋能：15天练出过目不忘的记忆法 /（日）池田义博著；胡长炜译.
—北京：中国青年出版社，2021. 5
ISBN 978-7-5153-6340-0
Ⅰ.①记… Ⅱ.①池… ②胡… Ⅲ.①记忆术 Ⅳ.①B842.3
中国版本图书馆CIP数据核字（2021）第054586号

「見るだけで勝手に記憶力がよくなるドリル」（池田義博）
MIRUDAKE DE KATTE NI KIOKURYOKU GA YOKUNARU DRILL


**记忆赋能：15天练出过目不忘的记忆法**

作　　者：〔日〕池田义博
译　　者：胡长炜
策划编辑：肖颖慧
责任编辑：林　鸿
文字编辑：张祎琳
美术编辑：张　艳
出　　版：中国青年出版社
发　　行：北京中青文文化传媒有限公司
电　　话：010-65511270 / 65516873
公司网址：www.cyb.com.cn
购书网址：zqwts.tmall.com
印　　刷：大厂回族自治县益利印刷有限公司
版　　次：2021年5月第1版
印　　次：2021年5月第1次印刷
开　　本：880×1230　　1 / 32
字　　数：40千字
印　　张：5
京权图字：01-2020-6697
书　　号：ISBN 978-7-5153-6340-0
定　　价：39.90元

# 1 记忆力下降的元凶是“无趣”！

“最近实在太爱忘事了，令人有些顾虑”“顾客们的长相和名字不太记得住”“必须要把资格考试的专业用语全背下来才行”……很多时候我们都可能会觉得“要是自己的记忆力再强一些就好了”，不过发出这种感叹时仔细想想，我们年轻时不也曾很能记东西吗？

其实增强记忆力的关键就藏在我们的童年时代。请各位回想一下自己的童年或者自己的子女吧，小孩子对于各种交通工具和游戏角色的名字一口气就可以背下一大串，实在是令人惊讶。

为何小孩子能够记得那么多呢？一言以蔽之，原因就在于“兴趣”。我们面对自己充满兴趣的事物时会带着兴奋雀跃的情绪，而这种情绪会给大脑带来强烈的刺激，它能敲开“记忆的入口”——海马体的大门，将事物深深地镌刻在我们的脑海中。换言之，只要给大脑带来刺激，让事物更轻松地留在脑海中，我们就能简单地提高记忆能力。

然而长大成人后，我们希望记住的并不全是感兴趣的事物。不过也请放心，本书要给大家介绍的正是一种通过给大脑带来刺激从而自然而然提高记忆力的方法，就像我们儿时那样。这种方法只需换一种方式看待各类事物，只要做到这点，就能在不知不觉中将想要记住的东西留在脑海中。

# 2 打开脑内记忆开关的“灵光一闪”

谁都知道，仅仅是时而发呆地走马观花去看书肯定是记不住什么东西的。

因为在这种状态下，我们的大脑并没有做好去记忆的准备。做好准备也就是将注意力投射到所关注的对象上去，如果注意力还在九霄云外，那再怎么往脑子里填鸭也是无济于事。

忘了手机或钥匙丢在哪里而如无头苍蝇般到处翻找、拿着教材心不在焉地看不进东西都是注意力不集中的典型例子。

简单来说，若想要记住东西，大脑就必须要调整到准备万全的状态，或者说是打开“记忆开关”的状态。而本书将要教给各位的，就是打开脑中记忆开关的方法。

这种方法正是上一节所说的“给大脑带来刺激”，只要在接收信息时给大脑施加某种刺激，记忆的开关自然也就打开了。那么，到底什么东西能给成年人的大脑带来刺激呢?

答案就是“灵光一闪”，说得更详细点就是“首次发现过去从未注意到的事情那一瞬间的感觉”。漫画中经常会出现主角想到某个点子时在头上亮起电灯泡的画面，指的就是这种状态。

这种类似于“我明白了!”“找到了!”的“灵光一闪”能给我们的大脑带来强烈的刺激，将接收到的信息更深刻地留在记忆中。因此，成年人在想要记下某些事物时，采取一种能让人产生探索欲望和发现欲望的视角是非常关键的。

# 3 打磨激发“灵光一闪”的敏锐嗅觉，记忆力就能得到提升

话虽如此，但突然之间让我们在生活中发现新事物也绝非一日之功。为了做到这点，我们必须要时常带着感悟“灵光一闪”的意识。

这种意识也叫作“灵光嗅觉”，充分运用这种嗅觉去看待各种事物，就能让我们产生“我明白了！”“找到了！”的兴奋情绪。

灵光嗅觉包括以下五点，灵活运用这五点就能打开我们脑海中的记忆开关，使我们的注意力自然而然地得到集中。

这样一来，即便是从过去粗略看没有任何新意的信息中，我们也能发现新的灵感：“啊，原来是这么一回事！”这也就是给大脑带来刺激，把想要记住的信息自然而然地镌刻在记忆中的过程。

| | | |
|---|---|---|
| 1 | 探知嗅觉 | 找到隐藏线索的快感能激发大脑记忆力。 |
| 2 | 分类嗅觉 | 辨别信息中的共同点，压缩信息量，能够记下的内容就变多了。 |
| 3 | 对照嗅觉 | 灵活运用知识、提升记忆效率，让记忆的内容不白费。 |
| 4 | 想象嗅觉 | 想象的力量能充分发挥出脑内的记忆潜力。 |
| 5 | 关联嗅觉 | 形成体系的信息在需要时能随时从大脑中读取出来。 |

# 4 经过训练就能得到的三大成果

本书中为了让各位读者磨练出敏锐的灵光嗅觉而特意准备了一些原创训练题，这些题目能让我们在训练的过程中自动培养出优秀的灵光嗅觉。

一旦具备了这种嗅觉，无论是在工作、学习中，还是在日常生活中，都能产生良好的效果。

1 高效率记忆

2 持久性记忆

3 轻松回忆所需信息

我们每个人一开始都拥有绝佳的记忆力，然而由于不了解大脑的使用方法，很多人都无法顺利发挥出他们原本的能力。

就让我们通过本书的训练来磨练灵光嗅觉，大幅提高记忆力吧！除此之外，本书也会介绍在日常生活中锻炼记忆力的方法，搭配训练更能起到事半功倍的效果。

# 5 提升效果的诀窍在于集中注意力解决问题

本书并不是一本教大家记忆技巧的书，而是旨在让读者在享受阅读的过程中，顺其自然学会如何去记忆。因此，哪怕这个过程不是很顺利，也完全无需悲观。

当然，所有人都希望事情做得尽善尽美，但相较结果的完美，集中注意力完成训练的过程才更有意义。本书的训练没有时间限制，得到答案之前计个时，做累了就看看正确答案，像这样，能够让自己保持注意力集中就可以了。请大家在放松的同时，也要集中自己的精力来完成训练。

本书每章各有12道训练题，全书合计60题。各位可以从头开始按顺序进行，也可以根据自己的喜好从中间开始，但无论怎么做，这里还是推荐大家一章一章地进行训练。按照每天2题的速度大概需要花一个月，每天4题则是半个月，若能静下心来每天完成10道题，则一周左右就能结束本书的训练。不过这也只是大致的推测，各位读者按照自己的步调进行即可。

进行训练的时间段也是自由的，但若能选在大脑最为活跃的“起床后到上午10点之前”和“下午4点到晚饭前”就更好了。总之，最重要的是希望各位读者能够在训练中享受本书的内容。

【改善效果的要点】

在玩乐的同时集中精力解决问题

逐章解决

我不在乎攻克与否

## 不断有人开始体验到效果！
## 测评员亲身体验

体验 1

### 记忆力在不断变好！

（44岁·女性）

坚持训练后，我感觉自己的记忆力在不断变好。训练中有些问题一点就通，也有一些问题令人绞尽脑汁，在用脑的同时也能让人乐在其中。

体验 2

### 大脑的压力减轻了！

（52岁·男性）

原本随着年龄增长，自己的精力也不如从前。但最近工作到傍晚大脑也感受不到什么压力，我感觉自己能够集中注意力的时间变长了，甚至一不注意就会有“已经到这个点儿了”的感叹。

体验 3

### 记忆力和注意力都增强了！

（53岁·男性）

我感觉随着记忆力的增强，自己的注意力也更加集中了。训练不限制时间，让人很放松这一点也不错，每天早上边喝咖啡边完成训练题，我感觉接下来开展一天的工作状态都变得舒爽了起来。

※记忆力的恢复效果因人而异

体验 4

## 头脑通畅实在太开心了!

（91岁·女性）

为了对抗大脑衰老，我平时一直在进行算术、读书和写字的训练。这本书的练习很有意思，头脑变得通畅也让我十分开心。虽然不能秒答出来，但我会仔细完成每个训练。

体验 5

## 躁动的内心也平静了下来!

（53岁·男性）

不光头脑变得舒畅，我感觉连自己躁动的内心都平静了下来。完成训练一瞬间的满足感会让我不由地面露微笑，每完成一道训练题，记忆力都将得到提升，想到这一点我就动力十足。

体验 6

## 越做越有效果!

（46岁·女性）

一不留神就一口气完成了12道训练题，这个过程中注意力很快就集中了起来。做题越来越熟练令人很开心，瞬间解出答案的快感也让人欲罢不能。

其他

## 还有其他的赞扬声!

● 完成训练后的成就感仿佛滋养了我的大脑，不同的训练似乎还能带来不同的效果!（57岁·女性）

● 很久没有碰到这种令人雀跃的有趣内容了，我还想做更多训练!（64岁·女性）

目录

# 序章 记忆力的秘密



# 第1章 探知嗅觉训练



# 第2章 分类嗅觉训练

## 第3章 对照嗅觉训练



## 第4章 想象嗅觉训练



## 第5章 关联嗅觉训练

第 1 章　探知嗅觉训练

# 探知嗅觉能力测试

下图中有多少个三角形? 数完后请在下一页确认答案。

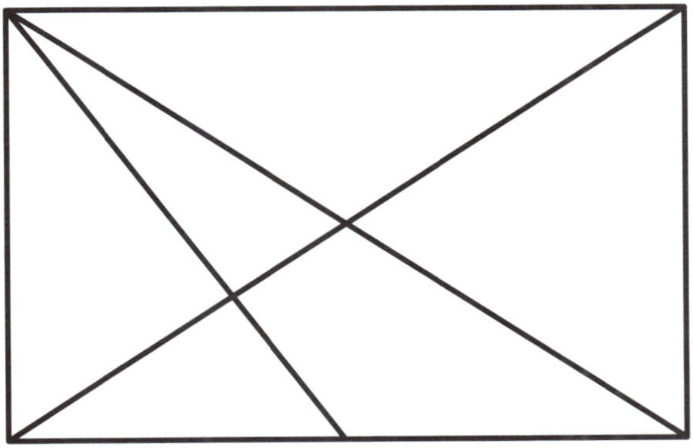

【 探知嗅觉能力测试的答案 】

# 14个

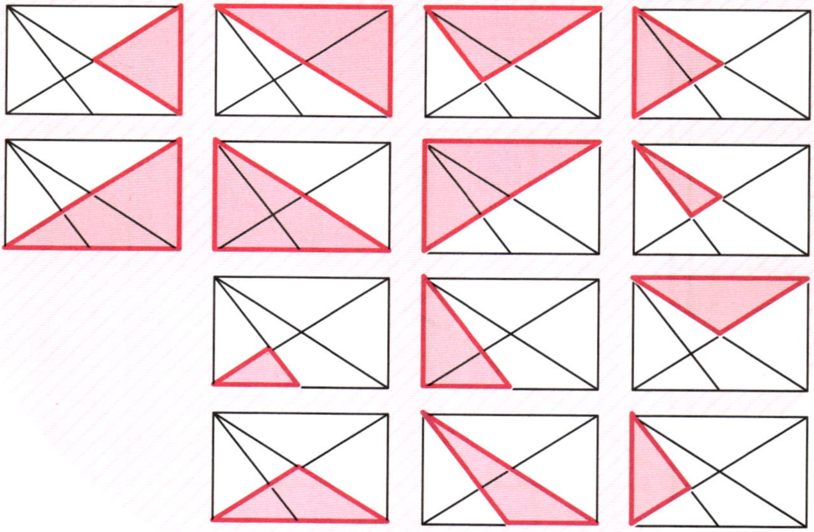

怎么样，有没有找到全部的三角形呢？

找到所有三角形的关键在于能对隐藏起来的事物投入多少注意力。如果你没能找到几个三角形，那么在日常生活中，你可能经常会碰到“想要记住什么东西，但却总是记不住”的情况。

想要主动去寻找隐藏要素的意识对于大脑记忆事物来说是一个十分重要的因素，本书中将这种意识称作“探知嗅觉”，下面我们就来详细介绍一下关于探知嗅觉的一切。

# 利用探知嗅觉让“看多少遍都记不住”成为过去

大脑在情绪丰富时会受到刺激，正如序章所说的那样，能够强化我们的记忆力。人类情绪的产生位于一个叫作“杏仁体”的地方，正是在负责记忆的“海马体”隔壁。当我们产生情绪令杏仁体有所反应时，海马体也同样会受到刺激，为大脑打开记忆之门。

解释这种现象的一个很好的例子就是“回忆”。回忆并不是我们想要记而去记下的内容，而是因为我们过去经历了种种悲欢喜乐，在这些情绪的作用下才形成的强烈记忆。

其实有一种方法能够迅速唤起这种情绪，那就是“察觉”。当我们察觉到某件事的瞬间，脑海中就仿佛亮起了一个“！”一般，会受到强烈的刺激。

下面的错觉画就是一个例子。这幅画很有名，叫作“鲁宾杯”。光看图中白色部分的话怎么看都只是一个酒杯，但若是将目光转向黑暗部分，是不是两张相对而视的人脸就浮现了呢？

一旦察觉到这一点，大脑就无法再恢复到察觉之前的状态。当我们下一次再看到这幅画时，应该一瞬间就能看出相对的人脸。“我明白了！”“我发现了！”，这种灵光一闪的感觉就是能给我们的大脑带来如此强烈的刺激和深刻的影响。

当然，话说回来，并非所有的学习和工作事务都像这幅画一样有意识地隐藏着某些内容，但只要让自己培养出这种探知嗅觉，也能发现各种事物背后更深层面的细节，自然而然地增强记忆力。

接下来，就让我们通过从“文字”和“图形”中寻找隐藏信息的训练来培养探知嗅觉吧！

探知嗅觉训练

# 1 找不同

下面100个汉字中有一个与其他的不同，请用最快速度将其找到。

**例题** 图中有一个汉字与其他的不同，请用最快速度将其找到。

米 米 米 米 米 米 米 米 米 米
米 米 米 米 米 米 米 米 米 米
米 米 米 米 米 米 米 米 米 米
米 米 米 米 米 米 米 米 米 米
米 米 米 米 米 米 米 米 米 米
米 米 米 米 米 米 米 米 米 米
米 米 米 米 米 米 米 米 米 米
米 米 米 米 米 米 米 米 米 米
米 来 米 米 米 米 米 米 米 米
米 米 米 米 米 米 米 米 米 米

米 米 米 米 米 米 米 米 米 米
米 米 米 米 米 米 米 米 米 米
米 米 米 米 米 米 米 米 米 米
米 米 米 米 米 米 米 米 米 米
米 米 米 米 米 米 米 米 米 米
米 米 米 米 米 米 米 米 米 米
米 米 米 米 米 米 米 米 米 米
米 米 米 米 米 米 米 米 米 米
米 来 米 米 米 米 米 米 米 米
米 米 米 米 米 米 米 米 米 米

## 2

# 找到隐藏的词语

下面表格中隐藏着10个与题目相关的词语，请用最快速度将其找到。

词语的阅读顺序是从上至下，从左至右。

**例题** 请找出表格中隐藏的10种“花的名字”。

| | | | | | | | | | |
|---|---|---|---|---|---|---|---|---|---|
| 乃 | 梅 | 里 | 蔷 | 薇 | 车 | 莉 | 夏 | 紫 | 桔 |
| 仙 | 馨 | 迎 | 银 | 芋 | 林 | 百 | 熏 | 罗 | 来 |
| 杨 | 紫 | 瑰 | 向 | 草 | 散 | 合 | 前 | 兰 | 茉 |
| 蒲 | 阳 | 莲 | 日 | 光 | 花 | 菊 | 衣 | 钱 | 梗 |
| 公 | 花 | 桂 | 葵 | 槐 | 夜 | 梨 | 香 | 水 | 郁 |
| 英 | 风 | 春 | 盏 | 喇 | 牵 | 牛 | 花 | 金 | 金 |
| 雪 | 七 | 樱 | 花 | 叭 | 玫 | 火 | 桃 | 浅 | 香 |
| 雨 | 大 | 波 | 斯 | 菊 | 红 | 康 | 冬 | 花 | 迷 |

| | | | | | | | | | |
|---|---|---|---|---|---|---|---|---|---|
| 乃 | 梅 | 里 | **蔷** | **薇** | 车 | 莉 | 夏 | **紫** | 桔 |
| 仙 | 馨 | 迎 | 银 | 芋 | 林 | **百** | 熏 | **罗** | 来 |
| 杨 | **紫** | 瑰 | **向** | 草 | 散 | **合** | 前 | **兰** | 茉 |
| **蒲** | **阳** | 莲 | **日** | 光 | 花 | 菊 | 衣 | 钱 | 梗 |
| **公** | **花** | 桂 | **葵** | 槐 | 夜 | 梨 | 香 | 水 | **郁** |
| **英** | 风 | 春 | 盏 | 喇 | **牵** | **牛** | **花** | 金 | **金** |
| 雪 | 七 | **樱** | **花** | 叭 | 玫 | 火 | 桃 | 浅 | **香** |
| 雨 | **大** | **波** | **斯** | **菊** | 红 | 康 | 冬 | 花 | 迷 |

探知嗅觉训练 ①

1

图中有一个图案与其他的不同，请用最快速度将其找到。

探知嗅觉
训练 ①

2

图中有一个图案与其他的不同，请用最快速度将其找到。

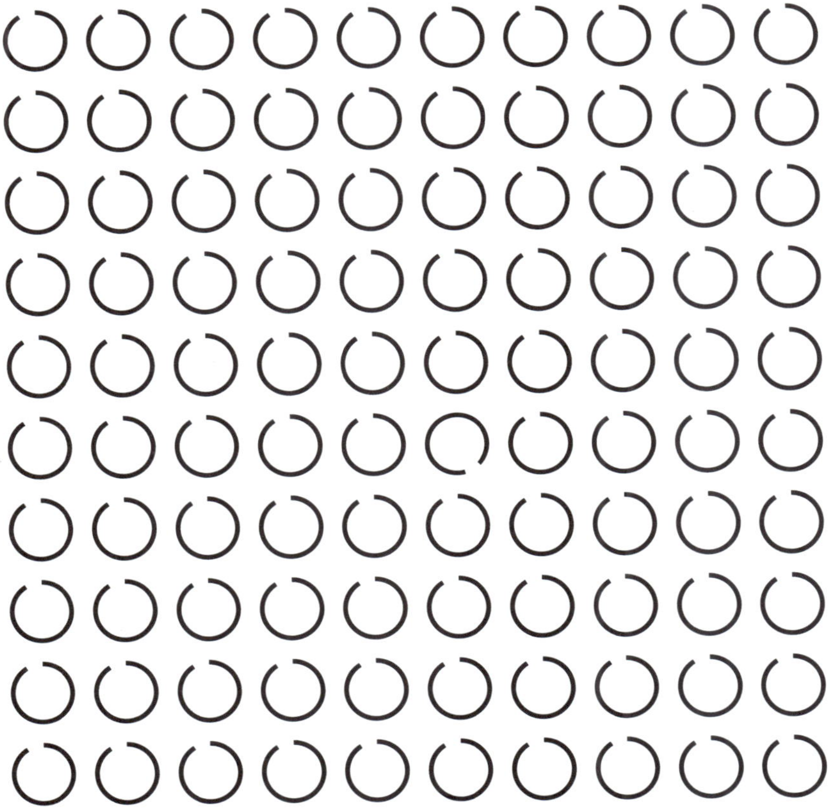

探知嗅觉训练①

3

图中有一个图案与其他的不同，请用最快速度将其找到。

探知嗅觉
训练①

4

图中有一个汉字与其他的不同，请用最快速度将其找到。

土 土 土 土 土 土 土 土 土 土
土 土 土 土 土 土 土 土 土 土
土 土 土 土 土 土 土 土 土 土
土 土 土 土 土 土 土 土 土 土
土 土 土 土 土 土 土 土 土 土
土 土 土 土 土 土 土 土 土 土
土 土 土 土 土 土 土 土 土 土
土 土 土 土 土 土 土 土 土 土
土 土 土 土 上 土 土 土 土 土
土 土 土 土 土 土 土 土 土 土

探知嗅觉训练 ①

5

图中有一个汉字与其他的不同，请用最快速度将其找到。

| | | | | | | | | | |
|---|---|---|---|---|---|---|---|---|---|
| 裁 | 裁 | 裁 | 裁 | 裁 | 裁 | 裁 | 裁 | 裁 | 裁 |
| 裁 | 裁 | 裁 | 裁 | 裁 | 裁 | 裁 | 裁 | 栽 | 裁 |
| 裁 | 裁 | 裁 | 裁 | 裁 | 裁 | 裁 | 裁 | 裁 | 裁 |
| 裁 | 裁 | 裁 | 裁 | 裁 | 裁 | 裁 | 裁 | 裁 | 裁 |
| 裁 | 裁 | 裁 | 裁 | 裁 | 裁 | 裁 | 裁 | 裁 | 裁 |
| 裁 | 裁 | 裁 | 裁 | 裁 | 裁 | 裁 | 裁 | 裁 | 裁 |
| 裁 | 裁 | 裁 | 裁 | 裁 | 裁 | 裁 | 裁 | 裁 | 裁 |
| 裁 | 裁 | 裁 | 裁 | 裁 | 裁 | 裁 | 裁 | 裁 | 裁 |
| 裁 | 裁 | 裁 | 裁 | 裁 | 裁 | 裁 | 裁 | 裁 | 裁 |
| 裁 | 裁 | 裁 | 裁 | 裁 | 裁 | 裁 | 裁 | 裁 | 裁 |

探知嗅觉
训练 ①
6

图中有一个汉字与其他的不同，请用最快速度将其找到。

缘 缘 缘 缘 缘 缘 缘 缘 缘 缘
缘 缘 缘 缘 缘 缘 缘 缘 缘 缘
缘 缘 绿 缘 缘 缘 缘 缘 缘 缘
缘 缘 缘 缘 缘 缘 缘 缘 缘 缘
缘 缘 缘 缘 缘 缘 缘 缘 缘 缘
缘 缘 缘 缘 缘 缘 缘 缘 缘 缘
缘 缘 缘 缘 缘 缘 缘 缘 缘 缘
缘 缘 缘 缘 缘 缘 缘 缘 缘 缘
缘 缘 缘 缘 缘 缘 缘 缘 缘 缘
缘 缘 缘 缘 缘 缘 缘 缘 缘 缘

探知嗅觉训练②

1

请找出表格中隐藏的10种“蔬菜的名字”。
词语的阅读顺序是从上至下，从左至右。

| | | | | | | | | | |
|---|---|---|---|---|---|---|---|---|---|
| 茶 | 茄 | 子 | 耳 | 玉 | 苔 | 牛 | 蒡 | 毛 | 刀 |
| 草 | 菜 | 椰 | 米 | 金 | 包 | 耳 | 豆 | 黄 | 花 |
| 香 | 马 | 菇 | 芽 | 椒 | 白 | 蚕 | 大 | 瓜 | 扁 |
| 树 | 铃 | 山 | 麦 | 油 | 菜 | 蓝 | 苦 | 豌 | 芦 |
| 带 | 薯 | 甘 | 南 | 苋 | 番 | 土 | 芋 | 瓜 | 笋 |
| 菠 | 连 | 芹 | 瓜 | 兰 | 针 | 胡 | 萝 | 卜 | 芥 |
| 菜 | 海 | 豆 | 银 | 淮 | 药 | 西 | 丝 | 木 | 菇 |
| 竹 | 生 | 根 | 辣 | 白 | 萝 | 卜 | 洋 | 头 | 平 |

请找出表格中隐藏的10种“鱼的名字”。
词语的阅读顺序是从上至下，从左至右。

探知嗅觉训练②

2

| | | | | | | | | | |
|---|---|---|---|---|---|---|---|---|---|
| 针 | 金 | 子 | 北 | 锦 | 鲤 | 蟹 | 鲫 | 龙 | 舌 |
| 花 | 枪 | 弹 | 车 | 海 | 翻 | 极 | 比 | 目 | 鱼 |
| 秋 | 鱼 | 泥 | 闸 | 鳗 | 章 | 豚 | 白 | 鮟 | 利 |
| 三 | 涂 | 小 | 金 | 目 | 鲷 | 刀 | 鲶 | 斑 | 草 |
| 文 | 黄 | 鳅 | 沙 | 青 | 虾 | 鲈 | 石 | 鳒 | 银 |
| 鱼 | 立 | 马 | 丁 | 丑 | 贼 | 油 | 甘 | 鱼 | 八 |
| 鲕 | 剑 | 面 | 鱼 | 河 | 虎 | 对 | 大 | 宝 | 爪 |
| 鳕 | 帆 | 鱼 | 鲑 | 乌 | 鲀 | 鲨 | 多 | 石 | 鲷 |

## 探知嗅觉训练② 3

请找出表格中隐藏的10种“动物的名字”。
词语的阅读顺序是从上至下，从左至右。

| | | | | | | | | | |
|---|---|---|---|---|---|---|---|---|---|
| 天 | 矮 | 山 | 疣 | 水 | 牛 | 头 | 蚜 | 蜓 | 猞 |
| 小 | 穿 | 树 | 浣 | 狸 | 企 | 鹅 | 鸳 | 考 | 恐 |
| 白 | 麋 | 非 | 大 | 猩 | 猩 | 嘴 | 拉 | 旱 | 鲸 |
| 兔 | 刺 | 短 | 美 | 狳 | 蚁 | 懒 | 斑 | 犰 | 鱼 |
| 毛 | 雪 | 兽 | 河 | 水 | 洲 | 犀 | 马 | 长 | 麝 |
| 尾 | 袋 | 七 | 狮 | 子 | 驯 | 食 | 鹦 | 颈 | 猁 |
| 啄 | 鼠 | 星 | 鸯 | 獭 | 灵 | 鹉 | 蜜 | 鹿 | 蜻 |
| 猬 | 鸵 | 瓢 | 海 | 羚 | 木 | 北 | 极 | 熊 | 乌 |

请找出表格中隐藏的10个“国家的名字”。
词语的阅读顺序是从上至下，从左至右。

探知嗅觉
训练 ②

4

| | | | | | | | | | |
|---|---|---|---|---|---|---|---|---|---|
| 罗 | 马 | 埃 | 及 | 爱 | 洪 | 民 | 尔 | 内 | 亚 |
| 墨 | 埃 | 澳 | 人 | 廷 | 美 | 都 | 几 | 兰 | 新 |
| 西 | 塞 | 大 | 华 | 沙 | 国 | 俄 | 比 | 利 | 加 |
| 哥 | 卡 | 利 | 拉 | 特 | 葡 | 法 | 国 | 牛 | 坡 |
| 智 | 西 | 亚 | 尼 | 阿 | 英 | 牙 | 阿 | 根 | 委 |
| 喀 | 海 | 共 | 和 | 拉 | 萄 | 意 | 地 | 时 | 内 |
| 利 | 印 | 度 | 斯 | 伯 | 西 | 大 | 俄 | 罗 | 斯 |
| 里 | 兰 | 班 | 西 | 麦 | 隆 | 利 | 亚 | 瑞 | 拉 |

探知嗅觉训练②

5

请找出表格中隐藏的10种“乐器的名字”。
词语的阅读顺序是从上至下，从左至右。

| | | | | | | | | | |
|---|---|---|---|---|---|---|---|---|---|
| 英 | 尤 | 克 | 里 | 扬 | 架 | 子 | 鼓 | 八 | 长 |
| 单 | 锣 | 风 | 小 | 提 | 琴 | 列 | 弦 | 响 | 笛 |
| 簧 | 定 | 手 | 双 | 圆 | 三 | 键 | 铃 | 马 | 尺 |
| 管 | 萨 | 克 | 斯 | 竹 | 斯 | 贝 | 盘 | 小 | 军 |
| 木 | 箜 | 低 | 口 | 长 | 号 | 呐 | 琶 | 号 | 电 |
| 角 | 铁 | 音 | 胡 | 二 | 唢 | 吉 | 锤 | 头 | 摇 |
| 钢 | 琴 | 篌 | 提 | 大 | 板 | 他 | 沙 | 筝 | 芦 |
| 铜 | 钟 | 法 | 竖 | 琴 | 编 | 琵 | 葫 | 古 | 丝 |

探知嗅觉
训练 ②

6

请找出表格中隐藏的“从1到10的英语单词”。
单词的阅读顺序是从上至下，从左至右。

| | | | | | | | | | | |
|---|---|---|---|---|---|---|---|---|---|---|
| X | N | G | L | Y | O | U | N | I | N | E |
| F | D | S | V | A | N | K | O | L | Z | E |
| O | M | E | U | Y | E | M | O | Q | B | L |
| U | S | V | V | F | X | O | U | F | G | L |
| R | J | E | T | H | R | E | E | Y | W | Z |
| P | L | N | G | D | C | D | N | T | B | V |
| L | F | K | V | D | E | I | G | H | T | K |
| B | I | P | T | J | E | A | Z | E | D | T |
| O | V | I | E | M | I | Y | A | K | C | W |
| W | E | K | N | Q | J | S | I | X | G | O |

在日常生活中
进一步
锻炼记忆力

# 强化数字和英语的探知嗅觉锻炼方法

在上学时，我们经常会使用谐音来辅助进行记忆，比如将圆周率3.14159记成“山巅一寺一壶酒”就是一个很有名的例子。

由于数字本身并不具有意义，因此单独记忆数字是很困难的。而通过谐音，我们能给数字赋予意义，自然也就能给大脑带来更多刺激，因此谐音可以说是一种非常适合我们锻炼记忆力的方法。谐音能对我们的探知嗅觉起到很好的锻炼作用，特别是在背外语单词时，利用谐音能够起到事半功倍的效果。

比如说我们可以把“救护车”的英文单词“ambulance”谐音成“俺不能死”。既然是“俺不能死”，那肯定是需要急救的，接着马上就会想到要叫“救护车”，这样一来单词的发音跟意义就能联系上了。

再例如“笨重”的英文单词“ponderous”可以谐音成“胖得要死”，胖得要死的人自然很“笨重”。警察的英文单词“bobby”可以谐音成“保币”，保护百姓财产和钱币的人就是“警察”。通过这样的联系，我们就能给予大脑更强烈的刺激。

我们在日常生活中看到数字或英语单词时，也可以像这样抱着“能不能找到背后的关联赋予它们更多意义”的心态。通过这种方式，原本很难记住的单词也会手到擒来。

# 探知嗅觉训练的答案

探知嗅觉训练①

1

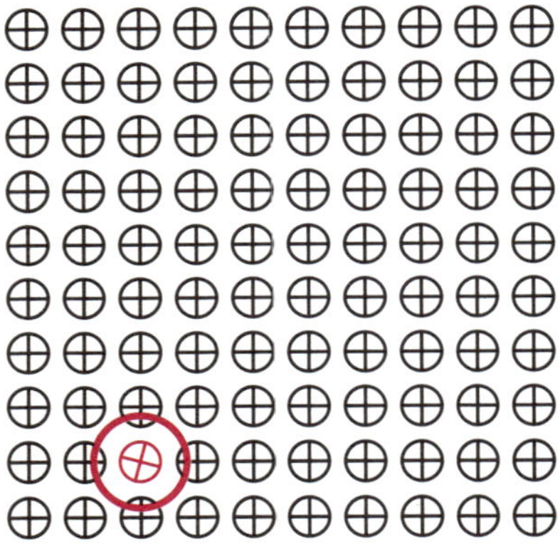

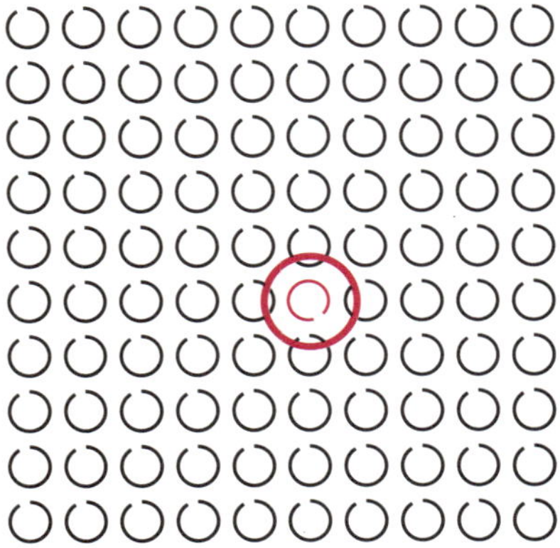

探知嗅觉训练①

2

探知嗅觉训练①

3

探知嗅觉训练①

4

土 土 土 土 土 土 土 土 土 土
土 土 土 土 土 土 土 土 土 土
土 土 土 土 土 土 土 土 土 土
土 土 土 土 土 土 土 土 土 土
土 土 土 土 土 土 土 土 土 土
土 土 土 土 土 土 土 土 土 土
土 土 土 土 土 土 土 土 土 土
土 土 土 土 土 土 土 土 土 土
土 土 土 土 上 土 土 土 土 土
土 土 土 土 土 土 土 土 土 土

探知嗅觉训练①

5

裁 裁 裁 裁 裁 裁 裁 裁 裁 裁
裁 裁 裁 裁 裁 裁 裁 裁 栽 裁
裁 裁 裁 裁 裁 裁 裁 裁 裁 裁
裁 裁 裁 裁 裁 裁 裁 裁 裁 裁
裁 裁 裁 裁 裁 裁 裁 裁 裁 裁
裁 裁 裁 裁 裁 裁 裁 裁 裁 裁
裁 裁 裁 裁 裁 裁 裁 裁 裁 裁
裁 裁 裁 裁 裁 裁 裁 裁 裁 裁
裁 裁 裁 裁 裁 裁 裁 裁 裁 裁
裁 裁 裁 裁 裁 裁 裁 裁 裁 裁

探知嗅觉训练①

6

缘 缘 缘 缘 缘 缘 缘 缘 缘 缘
缘 缘 缘 缘 缘 缘 缘 缘 缘 缘
缘 缘 绿 缘 缘 缘 缘 缘 缘 缘
缘 缘 缘 缘 缘 缘 缘 缘 缘 缘
缘 缘 缘 缘 缘 缘 缘 缘 缘 缘
缘 缘 缘 缘 缘 缘 缘 缘 缘 缘
缘 缘 缘 缘 缘 缘 缘 缘 缘 缘
缘 缘 缘 缘 缘 缘 缘 缘 缘 缘
缘 缘 缘 缘 缘 缘 缘 缘 缘 缘
缘 缘 缘 缘 缘 缘 缘 缘 缘 缘

探知嗅觉训练②

1

| | | | | | | | | | |
|---|---|---|---|---|---|---|---|---|---|
| 茶 | 茄 | 子 | 耳 | 玉 | 苔 | 牛 | 蒡 | 毛 | 刀 |
| 草 | 菜 | 椰 | 米 | 金 | 包 | 耳 | 豆 | 黄 | 花 |
| 香 | 马 | 菇 | 芽 | 椒 | 白 | 蚕 | 大 | 瓜 | 扁 |
| 树 | 铃 | 山 | 麦 | 油 | 菜 | 蓝 | 苦 | 豌 | 芦 |
| 带 | 薯 | 甘 | 南 | 苋 | 番 | 土 | 芋 | 瓜 | 笋 |
| 菠 | 连 | 芹 | 瓜 | 兰 | 针 | 胡 | 萝 | 卜 | 芥 |
| 菜 | 海 | 豆 | 银 | 淮 | 药 | 西 | 丝 | 木 | 菇 |
| 竹 | 生 | 根 | 辣 | 白 | 萝 | 卜 | 洋 | 头 | 平 |

探知嗅觉训练②

2

| | | | | | | | | | |
|---|---|---|---|---|---|---|---|---|---|
| 针 | 金 | 子 | 北 | 锦 | 鲤 | 蟹 | 鲫 | 龙 | 舌 |
| 花 | 枪 | 弹 | 车 | 海 | 翻 | 极 | 比 | 目 | 鱼 |
| 秋 | 鱼 | 泥 | 闸 | 鳗 | 章 | 豚 | 白 | 鲛 | 利 |
| 三 | 涂 | 小 | 金 | 目 | 鲷 | 刀 | 鲶 | 斑 | 草 |
| 文 | 黄 | 鳅 | 沙 | 青 | 虾 | 鲈 | 石 | 鳒 | 银 |
| 鱼 | 立 | 马 | 丁 | 丑 | 贼 | 油 | 甘 | 鱼 | 八 |
| 鲕 | 剑 | 面 | 鱼 | 河 | 虎 | 对 | 大 | 宝 | 爪 |
| 鳕 | 帆 | 鱼 | 鲑 | 乌 | 鲀 | 鲨 | 多 | 石 | 鲷 |

探知嗅觉训练②

3

| | | | | | | | | | |
|---|---|---|---|---|---|---|---|---|---|
| 天 | 矮 | 山 | 疣 | 水 | 牛 | 头 | 蚜 | 蜓 | 猞 |
| 小 | 穿 | 树 | 浣 | 狸 | 企 | 鹅 | 鸳 | 考 | 恐 |
| 白 | 麋 | 非 | 大 | 猩 | 猩 | 嘴 | 拉 | 旱 | 鲸 |
| 兔 | 刺 | 短 | 美 | 狳 | 蚁 | 懒 | 斑 | 犰 | 鱼 |
| 毛 | 雪 | 兽 | 河 | 水 | 洲 | 犀 | 马 | 长 | 麝 |
| 尾 | 袋 | 七 | 狮 | 子 | 驯 | 食 | 鹦 | 颈 | 猁 |
| 啄 | 鼠 | 星 | 鸯 | 獭 | 灵 | 鹉 | 蜜 | 鹿 | 蜻 |
| 猬 | 鸵 | 瓢 | 海 | 羚 | 木 | 北 | 极 | 熊 | 乌 |

探知嗅觉训练②

4

| | | | | | | | | | |
|---|---|---|---|---|---|---|---|---|---|
| 罗 | 马 | 埃 | 及 | 爱 | 洪 | 民 | 尔 | 内 | 亚 |
| 墨 | 埃 | 澳 | 人 | 廷 | 美 | 都 | 几 | 兰 | 新 |
| 西 | 塞 | 大 | 华 | 沙 | 国 | 俄 | 比 | 利 | 加 |
| 哥 | 卡 | 利 | 拉 | 特 | 葡 | 法 | 国 | 牛 | 坡 |
| 智 | 西 | 亚 | 尼 | 阿 | 英 | 牙 | 阿 | 根 | 委 |
| 喀 | 海 | 共 | 和 | 拉 | 萄 | 意 | 地 | 时 | 内 |
| 利 | 印 | 度 | 斯 | 伯 | 西 | 大 | 俄 | 罗 | 斯 |
| 里 | 兰 | 班 | 西 | 麦 | 隆 | 利 | 亚 | 瑞 | 拉 |

探知嗅觉训练②

**5**

| | | | | | | | | | |
|---|---|---|---|---|---|---|---|---|---|
| 英 | 尤 | 克 | 里 | 扬 | 架 | 子 | 鼓 | 八 | 长 |
| 单 | 锣 | 风 | 小 | 提 | 琴 | 列 | 弦 | 响 | 笛 |
| 簧 | 定 | 手 | 双 | 圆 | 三 | 键 | 铃 | 马 | 尺 |
| 管 | 萨 | 克 | 斯 | 竹 | 斯 | 贝 | 盘 | 小 | 军 |
| 木 | 箜 | 低 | 口 | 长 | 号 | 呐 | 琶 | 号 | 电 |
| 角 | 铁 | 音 | 胡 | 二 | 唢 | 吉 | 锤 | 头 | 摇 |
| 钢 | 琴 | 篌 | 提 | 大 | 板 | 他 | 沙 | 筝 | 芦 |
| 铜 | 钟 | 法 | 竖 | 琴 | 编 | 琵 | 葫 | 古 | 丝 |

探知嗅觉训练②

**6**

| | | | | | | | | | | |
|---|---|---|---|---|---|---|---|---|---|---|
| X | N | G | L | Y | O | U | N | I | N | E |
| F | D | S | V | A | N | K | O | L | Z | E |
| O | M | E | U | Y | E | M | O | Q | B | L |
| U | S | V | V | F | X | O | U | F | G | L |
| R | J | E | T | H | R | E | E | Y | W | Z |
| P | L | N | G | D | C | D | N | T | B | V |
| L | F | K | V | D | E | I | G | H | T | K |
| B | I | P | T | J | E | A | Z | E | D | T |
| O | V | I | E | M | I | Y | A | K | C | W |
| W | E | K | N | Q | J | S | I | X | G | O |

第2章 分类嗅觉训练

# 分类嗅觉能力测试

A组里的对象都有，但B组里的对象都没有的东西是什么呢?

| A | B |
| --- | --- |
| 爱因斯坦 | 爱迪生 |
| 林肯总统 | 肯尼迪总统 |
| 鲁迅 | 老舍 |
| 山羊 | 绵羊 |

【 分类嗅觉能力测试的答案 】

# “胡子”

大家有没有发现两组对象的共同点呢？如果你没能发现这点，那么或许平时在信息分类上你也不会太拿手。

分类的关键在于比较那些“没有”的东西之前，先要把目光集中到“有”的东西上去，再去寻找共同点。

只要具备寻找事物共同点的意识，即便要记忆大量的内容也能将信息量压缩到可以接受的程度。需要记忆的信息量变少了，记忆起来自然也就更加轻松。

本书中将这种主动寻找事物共同点的意识称作“分类嗅觉”，下面我们就来详细介绍一下关于分类嗅觉的内容。

# 利用分类嗅觉让“记不了这么多”成为过去

对自己的记忆力抱有自信的人在同时接收大量信息时，往往会反射性地去寻找其中的共同点。

看到10条信息时，若什么都不做的话信息量就仍旧是10。但若是能够找到其中的共同点将信息分成3类的话，信息量就能压缩到3。只要将这3种共同点优先记入脑海中，就能够顺畅地引出全部10条信息。

比如说假设我们要背下明朝16位皇帝的名字，乍一看很不简单，但仔细观察可以发现，除了明太祖朱元璋之外，其他15位皇帝的名字中都带有金木水火土的偏旁，而且其中还有3对共6位皇帝的辈分相同。可想而知，若是注意到这些，背下这些人名也就没那么困难了。

人类的记忆有一个叫作魔法数字的性质，意思是人在短时间内能够记忆的信息量是基本固定的，大约是7±2的水平，近年来也有研究表示只有4±1的程度。那么，理所当然，将信息先进行压缩才能记下更多信息，这对我们的记忆可以说是非常有利的。

此外，借助共同点给信息分类还能给各个类别的信息加上索引，比如“人类、大猩猩、黑猩猩、红毛猩猩”这一组信息在大致印象上就能激发人想到“灵长目”的索引。这种索引能发挥“标签”的作用，在我们进行回忆时起到帮助。

若只是将新收到的文件随意一堆丢到一边，要找什么东西时就会变得相当麻烦，但若仔细把文件按照项目分好类，需要时就能迅速找到。同理，我们若在记忆的时候就将信息分门别类整理好，那么再回忆起来也就不费吹灰之力了。请各位读者通过接下来的训练来培养这种“分类嗅觉”吧。

分类嗅觉训练

# 1 找出与众不同的一项

以下5个事物中有4个具有共同点，剩下一个与其他不同。

请找出其中的共同点和那个特殊的事物。

**例题** **请找出以下5个事物中4个的共同点以及剩下的特殊那个。**

| 黄蜂 | 缝纫机 | 锤子 | 豪猪 | 注射器 |
| --- | --- | --- | --- | --- |

| 共同点是? | 特殊的是? |
| --- | --- |

| 共同点是 | 特殊的是 |
| --- | --- |
| 都有针 | 锤子 |

分类嗅觉训练

2

# 联想词语接龙

从左边的词语开始，按照“提到A就想到B”“提到B就想到C”的方式进行接龙，目标是接到最右边的词语。可以使用形容词，只要自己认为词语之间有联系就算是正解，即便有些勉强也没关系。找到目标词语的前一个词语是难点所在，因此事先从目标词语开始反向联想是完成训练的诀窍。

**例题** 请从左侧的词语开始依次进行联想接龙，最后到达右侧的目标词语。

| 苹果 | ▶ |  | ▶ |  | ▶ |  | ▶ | 隐形眼镜 |
|---|---|---|---|---|---|---|---|---|

| 苹果 | ▶ | 圆形 | ▶ | 放大镜 | ▶ | 镜片 | ▶ | 隐形眼镜 |
|---|---|---|---|---|---|---|---|---|

分类嗅觉训练 ①

1

请找出以下5个事物中4个的共同点以及剩下的特殊那个。

| | | | | | | | |
|---|---|---|---|---|---|---|---|
| 1 | 苹果 | 草莓 | 红酒 | 辣椒 | 黄瓜 | 共同点是? | 特殊的是? |
| 2 | 砂糖 | 蛋糕 | 蜂蜜 | 梅干 | 糖果 | 共同点是? | 特殊的是? |
| 3 | 皮球 | 地球 | 明信片 | 西瓜 | 甜甜圈 | 共同点是? | 特殊的是? |
| 4 | 哑铃 | 羽毛 | 大象 | 大力士 | 炮弹 | 共同点是? | 特殊的是? |
| 5 | 热水 | 冰块 | 冰袋 | 冻豆腐 | 冰咖啡 | 共同点是? | 特殊的是? |
| 6 | 毒蛇 | 大黄蜂 | 雷电 | 炸弹 | 婴儿 | 共同点是? | 特殊的是? |
| 7 | 太阳 | 星星 | 钻石 | 海底 | 水面 | 共同点是? | 特殊的是? |
| 8 | 空气 | 分子 | 病毒 | 气味 | 手 | 共同点是? | 特殊的是? |
| 9 | 相声 | 漫画 | 战争 | 滑稽剧 | 小品 | 共同点是? | 特殊的是? |
| 10 | 棉花糖 | 云朵 | 蒲公英 | 棉花软糖 | 水煮蛋 | 共同点是? | 特殊的是? |

分类嗅觉训练 ①

2

请找出以下5个事物中4个的共同点以及剩下的特殊那个。

| | | | | | | | |
|---|---|---|---|---|---|---|---|
| 1 | 木炭 | 海苔 | 牛奶 | 轮胎 | 黑色西服 | 共同点是? | 特殊的是? |
| 2 | 柠檬 | 梅干 | 酸菜 | 泡芙 | 腌菜 | 共同点是? | 特殊的是? |
| 3 | 豆腐 | 骰子 | 书本 | 金字塔 | 案板 | 共同点是? | 特殊的是? |
| 4 | 面巾纸 | 气球 | 浮石 | 肥皂泡 | 哑铃 | 共同点是? | 特殊的是? |
| 5 | 开水 | 自来水 | 拉面 | 火锅 | 火焰 | 共同点是? | 特殊的是? |
| 6 | 美国 | 迪拜 | 爱尔兰 | 加拿大 | 阿根廷 | 共同点是? | 特殊的是? |
| 7 | 铁 | 钻石 | 瓦片 | 骨头 | 黏土 | 共同点是? | 特殊的是? |
| 8 | 水管 | 蛇 | 晾衣杆 | 放大镜 | 牛蒡 | 共同点是? | 特殊的是? |
| 9 | 飞机 | 乌龟 | 乌鸦 | 直升机 | 蝴蝶 | 共同点是? | 特殊的是? |
| 10 | 刨冰 | 空调 | 落叶 | 西瓜 | 泳池 | 共同点是? | 特殊的是? |

## 分类嗅觉训练① 3

请找出以下5个事物中4个的共同点以及剩下的特殊那个。

| | | | | | | | |
|---|---|---|---|---|---|---|---|
| 1 | 砂糖 | 盐 | 雪 | 口红 | 绷带 | 共同点是? | 特殊的是? |
| 2 | 辣椒 | 芥末 | 西瓜 | 胡椒 | 韩式泡菜 | 共同点是? | 特殊的是? |
| 3 | 戒指 | 甜甜圈 | 救生圈 | 方向盘 | 法棍 | 共同点是? | 特殊的是? |
| 4 | 运动 | 营养 | 睡眠 | 盐分 | 蔬菜 | 共同点是? | 特殊的是? |
| 5 | 棒球 | 击剑 | 篮球 | 高尔夫 | 网球 | 共同点是? | 特殊的是? |
| 6 | 水 | 玻璃 | 塑料瓶 | 窗帘 | 空气 | 共同点是? | 特殊的是? |
| 7 | 皮筋 | 石头 | 气球 | 蹦床 | 皮肤 | 共同点是? | 特殊的是? |
| 8 | 妖怪 | 过山车 | 战争 | 噩梦 | 宠物 | 共同点是? | 特殊的是? |
| 9 | 汽油 | 海水 | 面巾纸 | 火柴 | 一次性筷子 | 共同点是? | 特殊的是? |
| 10 | 杂志 | 饭团 | 便当 | 跳箱 | 方便面 | 共同点是? | 特殊的是? |

分类嗅觉训练 ①

4

请找出以下5个事物中4个的共同点以及剩下的特殊那个。

| | | | | | | | |
|---|---|---|---|---|---|---|---|
| 1 | 向日葵 | 黄芥末 | 草坪 | 香蕉 | 柠檬 | 共同点是? | 特殊的是? |
| 2 | 苦瓜 | 布丁 | 啤酒 | 黄连 | 咖啡 | 共同点是? | 特殊的是? |
| 3 | 蜗牛 | 赛车 | 飞机 | 光 | 高铁 | 共同点是? | 特殊的是? |
| 4 | 雪橇 | 冰鞋 | 钉鞋 | 冰 | 香蕉皮 | 共同点是? | 特殊的是? |
| 5 | 钢琴 | 头盔 | 小提琴 | 双簧管 | 架子鼓 | 共同点是? | 特殊的是? |
| 6 | 茅房 | 屁 | 臭虫 | 煤气 | 肥皂 | 共同点是? | 特殊的是? |
| 7 | 玫瑰 | 郁金香 | 樱花 | 蓝宝石 | 菊花 | 共同点是? | 特殊的是? |
| 8 | 纳凉 | 过年 | 围巾 | 烤火 | 滑雪 | 共同点是? | 特殊的是? |
| 9 | 日本 | 中国 | 瑞典 | 印尼 | 菲律宾 | 共同点是? | 特殊的是? |
| 10 | 冰块 | 巧克力 | 金块 | 奶酪 | 木炭 | 共同点是? | 特殊的是? |

分类嗅觉训练 ①

## 5

请找出以下5个事物中4个的共同点以及剩下的特殊那个。

| | | | | | | | |
|---|---|---|---|---|---|---|---|
| 1 | 木板 | 塑料瓶 | 积木 | 五斗柜 | 太鼓 | 共同点是? | 特殊的是? |
| 2 | 香水 | 洗发液 | 鲜花 | 洋酒 | 氨水 | 共同点是? | 特殊的是? |
| 3 | 球棒 | 研磨棒 | 骰子 | 晾衣杆 | 接力棒 | 共同点是? | 特殊的是? |
| 4 | 休 | 海 | 湖 | 沼 | 汁 | 共同点是? | 特殊的是? |
| 5 | 黑板 | 车站 | 桌子 | 体育馆 | 泳池 | 共同点是? | 特殊的是? |
| 6 | 地球 | 陀螺 | 唱片 | 旋转木马 | 东京塔 | 共同点是? | 特殊的是? |
| 7 | 易拉罐 | 面馆 | 道观 | 莲藕 | 警官 | 共同点是? | 特殊的是? |
| 8 | 鲷鱼 | 秋刀鱼 | 竹荚鱼 | 北极贝 | 鲣鱼 | 共同点是? | 特殊的是? |
| 9 | 特朗普 | 希拉克 | 约翰逊 | 布什 | 肯尼迪 | 共同点是? | 特殊的是? |
| 10 | 米饭 | 面包 | 意面 | 乌冬面 | 豆腐 | 共同点是? | 特殊的是? |

分类嗅觉训练①

6

请找出以下5个事物中4个的共同点以及剩下的特殊那个。

| | | | | | | | |
|---|---|---|---|---|---|---|---|
| 1 | 墨水 | 橄榄油 | 方糖 | 醋 | 水 | 共同点是? | 特殊的是? |
| 2 | 腰带 | 跳绳 | 领带 | 头带 | 皮带 | 共同点是? | 特殊的是? |
| 3 | 地毯 | 邮票 | 贴纸 | 膏药 | 海报 | 共同点是? | 特殊的是? |
| 4 | 刺猬 | 刺鲀 | 玫瑰 | 仙人掌 | 金鱼 | 共同点是? | 特殊的是? |
| 5 | 鱼子酱 | 宝石 | 超级跑车 | 豆芽菜 | 房产 | 共同点是? | 特殊的是? |
| 6 | 球棒 | 铁棍 | 太阳镜 | 方向盘 | 球拍 | 共同点是? | 特殊的是? |
| 7 | 番茄 | 橘子 | 萝卜 | 葡萄 | 香菇 | 共同点是? | 特殊的是? |
| 8 | 铅笔 | 自动铅笔 | 圆珠笔 | 裁纸刀 | 钢笔 | 共同点是? | 特殊的是? |
| 9 | 寿司 | 牛排 | 蒸蛋 | 寿喜烧 | 天妇罗 | 共同点是? | 特殊的是? |
| 10 | 电脑 | 电视 | 风车 | 电车 | 吸尘器 | 共同点是? | 特殊的是? |

分类嗅觉训练 ②

1

请从左侧的词语开始依次进行联想接龙，最后到达右侧的目标词语。

| | | | | |
|---|---|---|---|---|
| 围巾 | | | | 沙漠 |
| 伞 | | | | 东京塔 |
| 杯子 | | | | 奶酪 |
| 三明治 | | | | 吸尘器 |
| 复印机 | | | | 领袖 |
| 番茄酱 | | | | 蛋糕 |
| 玩具 | | | | 红酒 |
| 派对 | | | | 太阳镜 |
| 香水 | | | | 火焰 |
| 鸡蛋 | | | | 拼图 |

分类嗅觉训练②

2

请从左侧的词语开始依次进行联想接龙，最后到达右侧的目标词语。

| | | | | |
|---|---|---|---|---|
| 星星 | | | | 贵金属 |
| 茶水 | | | | 过敏 |
| 散步 | | | | 皮划艇 |
| 床 | | | | 鸟 |
| 黏合剂 | | | | 家务 |
| 腰痛 | | | | 大象 |
| 赛马 | | | | 果蔬汁 |
| 春天 | | | | 药店 |
| 小丑 | | | | 烟花 |
| 打印机 | | | | 毛豆 |

分类嗅觉训练②

3

请从左侧的词语开始依次进行联想接龙，最后到达右侧的目标词语。

| | | | | |
|---|---|---|---|---|
| 景点 ▶ | ▶ | ▶ | ▶ | 畅销书 |
| 午饭 ▶ | ▶ | ▶ | ▶ | 鱼子 |
| 草坪 ▶ | ▶ | ▶ | ▶ | 空气 |
| 矿泉水 ▶ | ▶ | ▶ | ▶ | 汽车 |
| 酒精 ▶ | ▶ | ▶ | ▶ | 远足 |
| 柠檬 ▶ | ▶ | ▶ | ▶ | 桌子 |
| 钢琴 ▶ | ▶ | ▶ | ▶ | 牙医 |
| 大阪烧 ▶ | ▶ | ▶ | ▶ | 行李箱 |
| 绳子 ▶ | ▶ | ▶ | ▶ | 窗帘 |
| 流感 ▶ | ▶ | ▶ | ▶ | 钟表 |

分类嗅觉训练②

4

请从左侧的词语开始依次进行联想接龙，最后到达右侧的目标词语。

| | | | | |
|---|---|---|---|---|
| 拉链 | | | | 全垒打 |
| 瀑布 | | | | 土豆 |
| 毒 | | | | 食盐 |
| 泡泡 | | | | 火箭 |
| 小学 | | | | 演唱会 |
| T恤 | | | | 牛仔裤 |
| 吊桥 | | | | 睡眠 |
| 珠穆朗玛峰 | | | | 饭团 |
| 美国 | | | | 点心 |
| 镜子 | | | | 智能手机 |

分类嗅觉训练②

5

请从左侧的词语开始依次进行联想接龙，最后到达右侧的目标词语。

| | | | | |
|---|---|---|---|---|
| 刀子 ▶ | ▶ | ▶ | ▶ | 四季 |
| 红绿灯 ▶ | ▶ | ▶ | ▶ | 眼镜 |
| 菜椒 ▶ | ▶ | ▶ | ▶ | 彩虹 |
| 汗水 ▶ | ▶ | ▶ | ▶ | 香烟 |
| 电池 ▶ | ▶ | ▶ | ▶ | 领带 |
| 剑玉 ▶ | ▶ | ▶ | ▶ | 正方形 |
| 豆腐 ▶ | ▶ | ▶ | ▶ | 小饼干 |
| 日食 ▶ | ▶ | ▶ | ▶ | 水母 |
| 钱包 ▶ | ▶ | ▶ | ▶ | 教会 |
| 水泥 ▶ | ▶ | ▶ | ▶ | 蘑菇 |

分类嗅觉训练 ②

6

请从左侧的词语开始依次进行联想接龙，最后到达右侧的目标词语。

| | | | | |
|---|---|---|---|---|
| 高速公路 | | | | 绷带 |
| 啤酒 | | | | 献血 |
| 皮筋 | | | | 民歌 |
| 刹车 | | | | 信件 |
| 餐馆 | | | | 西瓜 |
| 日本 | | | | 柔道 |
| 家具 | | | | 过年 |
| 铝 | | | | 空调 |
| 昆虫 | | | | 机场 |
| 兔子 | | | | 花样滑冰 |

在日常生活中
进一步
锻炼记忆力

# 令大脑飞速运转的分类嗅觉锻炼方法

通过这些训练，我们除了记忆力之外还能锻炼另一种能力，那就是大脑的运转速度。

回想一下那些有名的发言人和主持人，那些大脑运转速度飞快的人所具备的特征可以说是一目了然。他们在被征求意见或是被提问时，一瞬间就能给出确切的回答，大脑运转不够灵光的人是绝对做不到这点的。

这类人在被赋予一个议题时会迅速找到其中的关键点，并在大脑中一瞬间构思出大量与其相关的信息，接下来只需在其中选出合适的内容说出来即可。他们的大脑中毫无疑问拥有十分敏锐的分类嗅觉，而且只要运用到这种分类嗅觉，无论是头脑风暴还是拟写文章都能才思泉涌，顺畅地抒发脑中的想法。

下面介绍一种在日常生活中也能进行分类嗅觉训练的方法。其实很简单，那就是设想一个名词，然后寻找这个词语的上位概念或下位概念。上位概念往往会更抽象，下位概念则会更具体，比方说最初的词语是“狗”的话，那么它的一个上位概念就是“哺乳类”，更上位的概念就是“动物”。

如果最初的名词比较抽象的话，也可以寻找具体的下位概念。以“动物”开始的下位概念是“哺乳类”，更下位则是“狗”，以此类推。最少找到两层，尽量养成迅速反应的习惯，两层以上继续类推也没问题。

在读报纸时用手指划指以合适的词语为起点，在坐公交时从窗外映入眼帘的标语开始联想，像这样的分类嗅觉训练无论何时何地都可以进行。无需特殊的道具，只要意识到就可以训练，请大家务必试一试。

# 分类嗅觉训练的答案

分类嗅觉训练① 1

| | 共同点是? | 特殊的是? |
|---|---|---|
| 1 | 红色的东西 | 黄瓜 |
| 2 | 甜的东西 | 梅干 |
| 3 | 圆的东西 | 明信片 |
| 4 | 重的东西 | 羽毛 |
| 5 | 冷的东西 | 热水 |
| 6 | 危险的东西 | 婴儿 |
| 7 | 闪亮的东西 | 海底 |
| 8 | 看不到的东西 | 手 |
| 9 | 有趣的东西 | 战争 |
| 10 | 软绵绵的东西 | 水煮蛋 |

分类嗅觉训练① 2

| | 共同点是? | 特殊的是? |
|---|---|---|
| 1 | 黑色的东西 | 牛奶 |
| 2 | 酸的东西 | 泡芙 |
| 3 | 立方体 | 金字塔 |
| 4 | 轻的东西 | 哑铃 |
| 5 | 热的东西 | 自来水 |
| 6 | 国家名 | 迪拜 |
| 7 | 硬的东西 | 黏土 |
| 8 | 细长的东西 | 放大镜 |
| 9 | 会飞的东西 | 乌龟 |
| 10 | 夏天的东西 | 落叶 |

分类嗅觉训练① 3

| | 共同点是? | 特殊的是? |
|---|---|---|
| 1 | 白色的东西 | 口红 |
| 2 | 辣的东西 | 西瓜 |
| 3 | 环形 | 法棍 |
| 4 | 有益健康 | 盐分 |
| 5 | 球类运动 | 击剑 |
| 6 | 透明的东西 | 窗帘 |
| 7 | 有弹性 | 石头 |
| 8 | 吓人的东西 | 宠物 |
| 9 | 可燃物 | 海水 |
| 10 | 便利店卖的东西 | 跳箱 |

## 分类嗅觉训练① 4

| | 共同点是？ | 特殊的是？ |
|---|---|---|
| 1 | 黄色的东西 | 草坪 |
| 2 | 苦的东西 | 布丁 |
| 3 | 快的东西 | 蜗牛 |
| 4 | 滑的东西 | 钉鞋 |
| 5 | 乐器 | 头盔 |
| 6 | 臭的东西 | 肥皂 |
| 7 | 花 | 蓝宝石 |
| 8 | 冬天的东西 | 纳凉 |
| 9 | 亚洲国家 | 瑞典 |
| 10 | 可以融化 | 木炭 |

## 分类嗅觉训练① 5

| | 共同点是？ | 特殊的是？ |
|---|---|---|
| 1 | 木制品 | 塑料瓶 |
| 2 | 香的东西 | 氨水 |
| 3 | 棒状物 | 骰子 |
| 4 | 三点水旁 | 休 |
| 5 | 学校有的东西 | 车站 |
| 6 | 可以旋转 | 东京塔 |
| 7 | 以“guan”结尾 | 莲藕 |
| 8 | 鱼 | 北极贝 |
| 9 | 美国总统 | 希拉克 |
| 10 | 高碳水食物 | 豆腐 |

## 分类嗅觉训练① 6

| | 共同点是？ | 特殊的是？ |
|---|---|---|
| 1 | 液体 | 方糖 |
| 2 | 用来系的东西 | 跳绳 |
| 3 | 用来贴的东西 | 地毯 |
| 4 | 有刺的东西 | 金鱼 |
| 5 | 昂贵的东西 | 豆芽菜 |
| 6 | 用来握的东西 | 太阳镜 |
| 7 | 可以做果蔬汁 | 香菇 |
| 8 | 可以写字 | 裁纸刀 |
| 9 | 日本料理 | 牛排 |
| 10 | 电力设备 | 风车 |

※答案仅为示范，可以有其他解答。

分类嗅觉训练②

**1**

| | | | | |
|---|---|---|---|---|
| 围巾 | 温暖 | 电吹风 | 干燥 | 沙漠 |
| 伞 | 雨 | 天空 | 高 | 东京塔 |
| 杯子 | 饮料 | 冰 | 融化 | 奶酪 |
| 三明治 | 面包 | 面包屑 | 尘埃 | 吸尘器 |
| 复印机 | 印刷 | 钞票 | 头像 | 领袖 |
| 番茄酱 | 番茄 | 红色 | 草莓 | 蛋糕 |
| 玩具 | 玩耍 | 开心 | 喝醉 | 红酒 |
| 派对 | 热情 | 热量 | 太阳 | 太阳镜 |
| 香水 | 香味 | 挥发 | 酒精 | 火焰 |
| 鸡蛋 | 蛋壳 | 打碎 | 碎片 | 拼图 |

分类嗅觉训练②

**2**

| | | | | |
|---|---|---|---|---|
| 星星 | 闪亮 | 宝石 | 贵重 | 贵金属 |
| 茶水 | 叶子 | 植物 | 花粉 | 过敏 |
| 散步 | 出汗 | 流淌 | 河流 | 皮划艇 |
| 床 | 床品 | 羽绒被 | 羽毛 | 鸟 |
| 黏合剂 | 刺鼻 | 垃圾 | 扫除 | 家务 |
| 腰痛 | 膏药 | 白色 | 牙齿 | 大象 |
| 赛马 | 马 | 胡萝卜 | 蔬菜 | 果蔬汁 |
| 春天 | 花粉 | 过敏 | 药物 | 药店 |
| 小丑 | 表演 | 蹦床 | 上升 | 烟花 |
| 打印机 | 墨水 | 颜色 | 绿色 | 毛豆 |

分类嗅觉训练② 3

| | | | | |
|---|---|---|---|---|
| 景点 | 导览图 | 阅读 | 书本 | 畅销书 |
| 午饭 | 吃饭 | 日本料理 | 寿司 | 鱼子 |
| 草坪 | 植物 | 光合作用 | 氧气 | 空气 |
| 矿泉水 | 水 | 液体 | 汽油 | 汽车 |
| 酒精 | 酒 | 喝醉 | 公交 | 远足 |
| 柠檬 | 沙瓦 | 酒 | 酒吧 | 桌子 |
| 钢琴 | 乐器 | 噪声 | 牙科器械 | 牙医 |
| 大阪烧 | 大阪 | 景点 | 旅行 | 行李箱 |
| 绳子 | 绳圈 | 四边形 | 窗户 | 窗帘 |
| 流感 | 疫苗 | 注射 | 针 | 钟表 |

分类嗅觉训练② 4

| | | | | |
|---|---|---|---|---|
| 拉链 | 金属 | 金属棒 | 棒球 | 全垒打 |
| 瀑布 | 溪流 | 村庄 | 土地 | 土豆 |
| 毒 | 蜘蛛 | 恶心 | 鼻涕虫 | 食盐 |
| 泡泡 | 圆形 | 齿轮 | 机械 | 火箭 |
| 小学 | 音乐教室 | 乐器 | 音乐 | 演唱会 |
| T恤 | 白衬衫 | 西服 | 深蓝色 | 牛仔裤 |
| 吊桥 | 倒吊 | 摇晃 | 吊床 | 睡眠 |
| 珠穆朗玛峰 | 登山 | 能量 | 碳水化合物 | 饭团 |
| 美国 | 热狗 | 面包 | 甜食 | 点心 |
| 镜子 | 反射 | 光线 | 通信 | 智能手机 |

分类嗅觉训练②
5

| | | | | |
|---|---|---|---|---|
| 刀子 | 武士 | 古代 | 时光 | 四季 |
| 红绿灯 | 发光 | 光线 | 镜片 | 眼镜 |
| 菜椒 | 红辣椒 | 彩椒 | 七色 | 彩虹 |
| 汗水 | 桑拿 | 蒸汽 | 烟雾 | 香烟 |
| 电池 | 电流 | 鳗鱼 | 长条形 | 领带 |
| 剑玉 | 圆球 | 圆形 | 图形 | 正方形 |
| 豆腐 | 大豆 | 谷物 | 小麦粉 | 小饼干 |
| 日食 | 昏暗 | 深海 | 海洋 | 水母 |
| 钱包 | 钞票 | 钱 | 捐款 | 教会 |
| 水泥 | 凝固 | 蒸蛋 | 香菇 | 蘑菇 |

分类嗅觉训练②
6

| | | | | |
|---|---|---|---|---|
| 高速公路 | 汽车 | 事故 | 伤口 | 绷带 |
| 啤酒 | 酒精 | 血液循环 | 血液 | 献血 |
| 皮筋 | 跳皮筋 | 童谣 | 民间 | 民歌 |
| 刹车 | 汽车 | 配送 | 邮政 | 信件 |
| 餐馆 | 吃饭 | 甜点 | 水果 | 西瓜 |
| 日本 | 武士 | 剑术 | 武艺 | 柔道 |
| 家具 | 被子 | 烤火炉 | 冬天 | 过年 |
| 铝 | 金属 | 导热 | 制冷 | 空调 |
| 昆虫 | 蜻蜓 | 飞行 | 飞机 | 机场 |
| 兔子 | 跳跃 | 滑行 | 滑冰 | 花样滑冰 |

第3章 对照嗅觉训练

# 对照嗅觉能力测试

下图表示什么意思呢?

答案是我们身边的东西，图中字母代表拼音的声母。

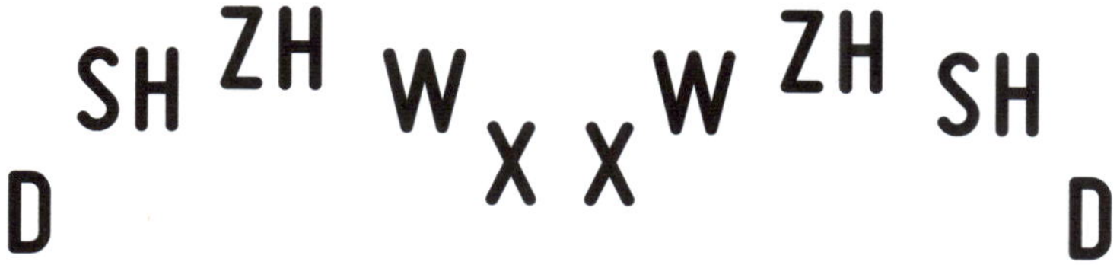


或者也可以看成这样

【 对照嗅觉能力测试的答案 】

# “手指”

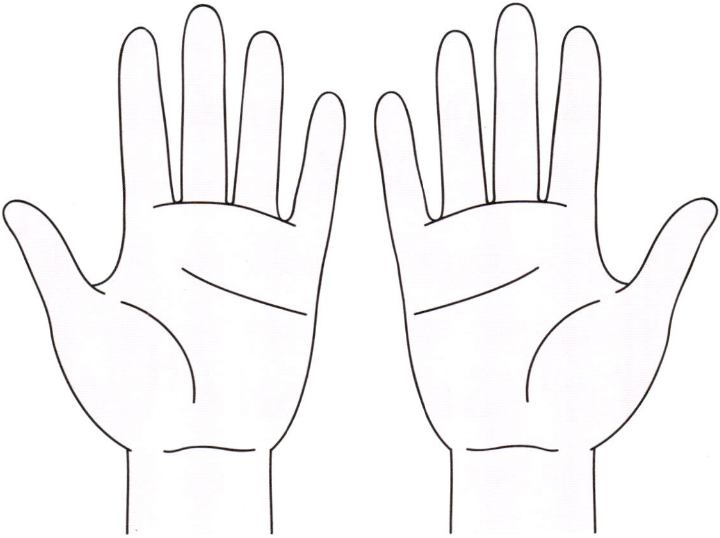

大家有没有答出来呢？这个问题的关键点在于题干中所说的“身边的东西”，以这个信息作为线索，便能在我们已经掌握的信息中进行对照。

在了解新事物时，若能带着“跟自己掌握的知识和想法是否存在共同点”的意识，就能以非常高的效率在跟已有信息的对照中学习新的知识。反过来说，如果缺乏这种意识，那所有的事物都只能作为新知识来被大脑吸收，这样记忆起来就势必会花费大量时间。

下面我们就来详细介绍一下将新事物与自己已有知识进行对照的意识——“对照嗅觉”。

# 利用对照嗅觉让“记东西太花时间”成为过去

我们既有的知识和思考方式在心理学上称为“模式”，虽然平时不太能意识到，但日常生活中的任何地方都存在着“模式”。

比如说在餐馆点菜的方法、搭乘交通工具的方式等等。正由于大量模式的存在，我们才能顺畅自如地生活。而通过使用这种模式，我们在学习新知识和新技能时也能获得更高的效率。

假设我们要学习一门新知识，一种选择是抱着自己是一张白纸从零开始的心态去看待，另一种选择是抱着“这种理论和手段是不是和我知道的那个相似呢”的想法去思考。可想而知，自然是将新知识跟自己已有的知识进行对照，学习起来才会更加有效率。若能在脑海中找到合适对照，就能以相似的方式去思考和理解，学习吸收的速度当然也会变快。

而且正如之前所说，大脑在情绪波动时更容易将事物固定在记忆中。而已知的知识也能作为新知识的“介绍人”，令大脑产生亲切感，进一步强化我们的记忆。

即便在脑海中找不到一致的模式，这种对照的意识也是有益的。因为寻找模式这一过程本身也是对新知识的深入分析和探究，给我们留下更深的印象。

在记忆新事物、学习新知识时，带上能够带来诸多益处的“对照嗅觉”是很有必要的。这种时候就需要我们停下脚步想一想，“这是不是我知道的理论”“这是不是跟相反方面殊途同归呢”。

下面就来试试能够锻炼这种对照嗅觉的训练吧。

对照嗅觉训练

# 1

# 理清文字顺序

词语中每个字的顺序都打乱了，请将汉字排列成正确的词语。

**例题** 请将错乱的文字重新排列，组成正确的词语。

车 轨 电 有

| | | | |
|---|---|---|---|
| | | | |

| | | | |
|---|---|---|---|
| 有 | 轨 | 电 | 车 |

请找到一个能同时由以下4个提示联想到的词语。

**例题** 请找到一个能同时由这4个提示联想到的词语。

| | |
|---|---|
| 杯子 | 阴天 |
| 防弹 | 透明 |

➡ 

| | |
|---|---|
| 杯子 | 阴天 |
| 防弹 | 透明 |

➡ 玻璃

对照嗅觉训练 ①

1

请将错乱的文字重新排列，组成正确的词语。

不 颠 列 大

| | | | |
|---|---|---|---|

蝍 花 螳 兰

| | | | |
|---|---|---|---|

烟 炉 无 煤

| | | | |
|---|---|---|---|

人 个 脑 电

| | | | |
|---|---|---|---|

料 簸 箕 塑

| | | | |
|---|---|---|---|

套 手 指 无

| | | | |
|---|---|---|---|

位 罗 定 盘

| | | | |
|---|---|---|---|

红 烤 炭 薯

| | | | |
|---|---|---|---|

马 洲 非 斑

| | | | |
|---|---|---|---|

视 晶 液 电

| | | | |
|---|---|---|---|

对照嗅觉训练 ①

2

请将错乱的文字重新排列，组成正确的词语。

| | |
|---|---|
| 甲 刀 剪 指 | 轮 月 一 新 |
| 盘 制 木 算 | 窗 遮 帘 光 |
| 间 天 人 上 | 物 票 小 购 |
| 山 佛 大 乐 | 丝 裤 连 袜 |
| 节 狮 春 舞 | 肩 包 书 双 |

对照嗅觉训练 ①

3

请将错乱的文字重新排列，组成正确的词语。

关 声 开 控

| | | | |
|---|---|---|---|
| | | | |

鱼 板 鱿 铁

| | | | |
|---|---|---|---|
| | | | |

肉 爆 羊 葱

| | | | |
|---|---|---|---|
| | | | |

沙 落 平 雁

| | | | |
|---|---|---|---|
| | | | |

纸 千 鹤 折

| | | | |
|---|---|---|---|
| | | | |

速 路 高 公

| | | | |
|---|---|---|---|
| | | | |

期 款 活 存

| | | | |
|---|---|---|---|
| | | | |

夜 三 半 更

| | | | |
|---|---|---|---|
| | | | |

梭 月 如 岁

| | | | |
|---|---|---|---|
| | | | |

威 假 狐 虎

| | | | |
|---|---|---|---|
| | | | |

请将错乱的文字重新排列，组成正确的词语。

对照嗅觉训练 ①

4

江 夜 春 花 月

识 打 不 相 不

车 地 雪 托 摩

典 小 琴 古 提

明 胶 面 双 透

天 桃 下 李 满

生 话 童 安 徒

者 夫 逝 如 斯

坦 克 号 尼 泰

井 年 绳 怕 十

对照嗅觉训练①

5

请将错乱的文字重新排列，组成正确的词语。

兵 酒 杯 权 释

| | | | | |
|---|---|---|---|---|
| | | | | |

北 人 转 二 东

| | | | | |
|---|---|---|---|---|
| | | | | |

油 电 柴 机 发

| | | | | |
|---|---|---|---|---|
| | | | | |

干 黄 饼 小 油

| | | | | |
|---|---|---|---|---|
| | | | | |

活 工 出 慢 细

| | | | | |
|---|---|---|---|---|
| | | | | |

大 院 家 国 剧

| | | | | |
|---|---|---|---|---|
| | | | | |

会 京 北 运 奥

| | | | | |
|---|---|---|---|---|
| | | | | |

车 道 行 赛 自

| | | | | |
|---|---|---|---|---|
| | | | | |

法 球 魔 晶 水

| | | | | |
|---|---|---|---|---|
| | | | | |

览 界 世 会 博

| | | | | |
|---|---|---|---|---|
| | | | | |

请将错乱的文字重新排列，组成正确的词语。

对照嗅觉训练 ①

6

南江花春杏雨

| | | | | | |
|---|---|---|---|---|---|
| | | | | | |

如见闻百不一

| | | | | | |
|---|---|---|---|---|---|
| | | | | | |

量海可不水斗

| | | | | | |
|---|---|---|---|---|---|
| | | | | | |

公克匹林园奥

| | | | | | |
|---|---|---|---|---|---|
| | | | | | |

代典语现词汉

| | | | | | |
|---|---|---|---|---|---|
| | | | | | |

雨西林纳双版

| | | | | | |
|---|---|---|---|---|---|
| | | | | | |

肉菜饺韭猪水

| | | | | | |
|---|---|---|---|---|---|
| | | | | | |

板子男雪单滑

| | | | | | |
|---|---|---|---|---|---|
| | | | | | |

雅拉山马喜脉

| | | | | | |
|---|---|---|---|---|---|
| | | | | | |

之代绸古丝路

| | | | | | |
|---|---|---|---|---|---|
| | | | | | |

对照嗅觉训练②

1

请找到一个能同时由4个提示联想到的词语。

❶

| | |
|---|---|
| 红色 | 绿色 |
| 黄色 | 道路 |

➡

❷

| | |
|---|---|
| 乌冬面 | 披萨 |
| 意面 | 粉末 |

➡

❸

| | |
|---|---|
| 窝 | 剪刀 |
| 迁徙 | 鸟 |

➡

❹

| | |
|---|---|
| 透明 | 可燃 |
| 高价 | 宝石 |

➡

❺

| | |
|---|---|
| 印度 | 西方 |
| 旅行 | 袈裟 |

➡

❻

| | |
|---|---|
| 酱油 | 味噌 |
| 猪骨 | 面条 |

➡

❼

| | |
|---|---|
| 王者 | 食肉 |
| 猫科 | 竖毛 |

➡

❽

| | |
|---|---|
| 圆形 | 旋转 |
| 人类 | 太阳系 |

➡

❾

| | |
|---|---|
| 发电 | 炸弹 |
| 铀 | 放射能 |

➡

❿

| | |
|---|---|
| 中国 | 熊 |
| 竹子 | 黑白 |

➡

对照嗅觉训练②

2

请找到一个能同时由4个提示联想到的词语。

❶

| | |
|---|---|
| 白衣 | 病历 |
| 听诊器 | 手术 |

➡

❷

| | |
|---|---|
| 签证 | 意面 |
| 长靴 | 国家 |

➡

❸

| | |
|---|---|
| 爆米花 | 导演 |
| 门票 | 银幕 |

➡

❹

| | |
|---|---|
| 退学 | 留声机 |
| 电灯 | 发明 |

➡

❺

| | |
|---|---|
| 显示器 | 麦克风 |
| 鼓掌 | 包间 |

➡

❻

| | |
|---|---|
| 温暖 | 出游 |
| 花朵 | 季节 |

➡

❼

| | |
|---|---|
| 跳动 | 泵 |
| 血液 | 内脏 |

➡

❽

| | |
|---|---|
| 键盘 | 乐器 |
| 音簧 | 伸缩 |

➡

❾

| | |
|---|---|
| 风 | 雨 |
| 眼睛 | 旋涡 |

➡

❿

| | |
|---|---|
| 游戏 | 地主 |
| 卡片 | 对称 |

➡

对照嗅觉训练②

3

请找到一个能同时由4个提示联想到的词语。

❶

| | |
|---|---|
| 蒸汽 | 平台 |
| 热 | 褶皱 |

➡

❷

| | |
|---|---|
| 门 | 传球 |
| 巴西 | 运动 |

➡

❸

| | |
|---|---|
| 爵士乐 | 步伐 |
| 创作 | 华尔兹 |

➡

❹

| | |
|---|---|
| 石头 | 剪刀 |
| 布 | 胜负 |

➡

❺

| | |
|---|---|
| 贝壳 | 养殖 |
| 项链 | 宝石 |

➡

❻

| | |
|---|---|
| 周末 | 假日 |
| 12 | 翻页 |

➡

❼

| | |
|---|---|
| 方块 | 大豆 |
| 冻状 | 白色 |

➡

❽

| | |
|---|---|
| 哺乳动物 | 巨大 |
| 海洋 | 智慧 |

➡

❾

| | |
|---|---|
| 将 | 马 |
| 象 | 过河 |

➡

❿

| | |
|---|---|
| 运动 | 泡澡 |
| 汗水 | 擦拭 |

➡

对照嗅觉训练 ②

4

请找到一个能同时由4个提示联想到的词语。

❶

| | |
|---|---|
| 医院 | 底片 |
| 摄影 | X光 |

➡

❷

| | |
|---|---|
| 钟 | 烟雾 |
| 经书 | 僧人 |

➡

❸

| | |
|---|---|
| 绚烂 | 夜空 |
| 颜色 | 爆炸 |

➡

❹

| | |
|---|---|
| 海 | 波浪 |
| 风 | 运动 |

➡

❺

| | |
|---|---|
| 腊肉 | 海 |
| 岩石 | 调味料 |

➡

❻

| | |
|---|---|
| 中国 | 日本 |
| 笔顺 | 文字 |

➡

❼

| | |
|---|---|
| 蛋糕 | 教堂 |
| 司仪 | 蜡烛 |

➡

❽

| | |
|---|---|
| 蛋糕 | 礼物 |
| 树 | 烟囱 |

➡

❾

| | |
|---|---|
| 下雨 | 弧形 |
| 折射 | 七色 |

➡

❿

| | |
|---|---|
| 电视 | 云图 |
| 温度 | 气象局 |

➡

对照嗅觉训练②

## 5

请找到一个能同时由4个提示联想到的词语。

❶

| | |
|---|---|
| 牛奶 | 乳酸菌 |
| 黏稠 | 发酵 |

➡

❷

| | |
|---|---|
| 日本 | 圆锥形 |
| 雪 | 火山 |

➡

❸

| | |
|---|---|
| 施工 | 棒球 |
| 橄榄球 | 安全 |

➡

❹

| | |
|---|---|
| 劈掌 | 瓦片 |
| 黑带 | 武术 |

➡

❺

| | |
|---|---|
| 分别 | 眼泪 |
| 证书 | 典礼 |

➡

❻

| | |
|---|---|
| 路程 | 汽车 |
| 空载 | 拼车 |

➡

❼

| | |
|---|---|
| 弦 | 乐器 |
| 拨片 | 摇滚 |

➡

❽

| | |
|---|---|
| 赔率 | 上瘾 |
| 赛马 | 骰子 |

➡

❾

| | |
|---|---|
| 二氧化碳 | 阳光 |
| 氧气 | 植物 |

➡

❿

| | |
|---|---|
| 间谍 | 飞镖 |
| 黑衣 | 烟雾弹 |

➡

对照嗅觉训练②

6

请找到一个能同时由4个提示联想到的词语。

1

| | |
|---|---|
| 欧盟 | 香肠 |
| 啤酒 | 奔驰 |

➡

2

| | |
|---|---|
| 运动 | 卡路里 |
| 健康 | 体重 |

➡

3

| | |
|---|---|
| 门票 | 旋转木马 |
| 云霄飞车 | 观光车 |

➡

4

| | |
|---|---|
| 电视 | 语速 |
| 新闻 | 传达 |

➡

5

| | |
|---|---|
| 地下 | 烤制 |
| 根 | 甜 |

➡

6

| | |
|---|---|
| 兔子 | 环形山 |
| 宫殿 | 嫦娥 |

➡

7

| | |
|---|---|
| 水蒸汽 | 气球 |
| 煤气 | 液体 |

➡

8

| | |
|---|---|
| 钱 | 强盗 |
| 取款机 | 城市 |

➡

9

| | |
|---|---|
| 豆子 | 果冻 |
| 粉末 | 提神 |

➡

10

| | |
|---|---|
| 冰 | 音乐 |
| 跳跃 | 鲜花 |

➡

在日常生活中
进一步
锻炼记忆力

# 让记忆保留更长时间的对照嗅觉锻炼方法

若要增加自己的模式，令对照嗅觉全力运转，我最推荐的做法就是多读书，那些记忆力优秀、大脑灵活的人基本上无一例外都爱好阅读。

也许有人会担心自己的阅读速度太慢而犹豫止步，然而，即便不懂速读的诀窍，我们的阅读速度也会随着阅读量的增加而成比例地提升，所掌握的知识量和模式也会随之增长。反过来，我们也可以尝试按照普通速度的两倍去阅读，这也是一种锻炼对照嗅觉的方法。平时读1页书要花1分钟的人就以30秒为目标，平时要花30秒的人就以15秒为目标。

为了达到快速阅读，大脑理解书本内容的速度也必须要跟着提升才行，在这个过程中我们的对照嗅觉也必须要全力运转。一开始可能会举步维艰，但只要坚持下去，大脑就会逐渐习惯这种状态，对照嗅觉自然也就得到了锻炼。

的确，若以较快的速度通读一遍，我们对书本的理解也许不会那么深刻。但记忆有一种性质，那就是相比一次性的深刻记忆，粗浅记忆多次反复的叠加才能够在脑海中留下更为长久牢固的印象。

比如说花4个小时背100个英语单词，甲在1天内花了4小时仔细背完了所有单词，而乙则是在4天内每天花1小时粗略背一遍。虽然两人花费的时间都是4小时，但乙却能在大脑中留下更长久的记忆。在花费同等时间的情况下，提升阅读速度既能让记忆更牢固，也能在这个过程中锻炼我们的对照嗅觉，可谓是一石二鸟。

当然，无论速度多快，任何阅读都能增加自身的模式，因此希望以自己适应的速度进行阅读的人也不用担心，保持自己一贯的速度就好。

## • 对照嗅觉训练的答案

对照嗅觉训练①
1

| 题目 | 答案 | 题目 | 答案 |
|---|---|---|---|
| 不颠列大 | 大不列颠 | 螂花螳兰 | 兰花螳螂 |
| 烟炉无煤 | 无烟煤炉 | 人个脑电 | 个人电脑 |
| 料簸箕塑 | 塑料簸箕 | 套手指无 | 无指手套 |
| 位罗定盘 | 定位罗盘 | 红烤炭薯 | 炭烤红薯 |
| 马洲非斑 | 非洲斑马 | 视晶液电 | 液晶电视 |

对照嗅觉训练①
2

| 题目 | 答案 | 题目 | 答案 |
|---|---|---|---|
| 甲刀剪指 | 指甲剪刀 | 轮月一新 | 一轮新月 |
| 盘制木算 | 木制算盘 | 窗遮帘光 | 遮光窗帘 |
| 间天人上 | 天上人间 | 物票小购 | 购物小票 |
| 山佛大乐 | 乐山大佛 | 丝裤连袜 | 连裤丝袜 |
| 节狮春舞 | 春节舞狮 | 肩包书双 | 双肩书包 |

对照嗅觉训练①

3

| | |
|---|---|
| 关声开控 | 鱼板鱿铁 |
| 声控开关 | 铁板鱿鱼 |
| 肉爆羊葱 | 沙落平雁 |
| 葱爆羊肉 | 平沙落雁 |
| 纸千鹤折 | 速路高公 |
| 折千纸鹤 | 高速公路 |
| 期款活存 | 夜三半更 |
| 活期存款 | 半夜三更 |
| 梭月如岁 | 威假狐虎 |
| 岁月如梭 | 狐假虎威 |

对照嗅觉训练①

4

| | |
|---|---|
| 江夜春花月 | 识打不相不 |
| 春江花月夜 | 不打不相识 |
| 车地雪托摩 | 典小琴古提 |
| 雪地摩托车 | 古典小提琴 |
| 明胶面双透 | 天桃下李满 |
| 透明双面胶 | 桃李满天下 |
| 生话童安徒 | 者夫逝如斯 |
| 安徒生童话 | 逝者如斯夫 |
| 坦克号尼泰 | 井年绳怕十 |
| 泰坦尼克号 | 十年怕井绳 |

## 对照嗅觉训练① 5

兵 酒 杯 权 释

| 杯 | 酒 | 释 | 兵 | 权 |
|---|---|---|---|---|

油 电 柴 机 发

| 柴 | 油 | 发 | 电 | 机 |
|---|---|---|---|---|

活 工 出 慢 细

| 慢 | 工 | 出 | 细 | 活 |
|---|---|---|---|---|

会 京 北 运 奥

| 北 | 京 | 奥 | 运 | 会 |
|---|---|---|---|---|

法 球 魔 晶 水

| 魔 | 法 | 水 | 晶 | 球 |
|---|---|---|---|---|

北 人 转 二 东

| 东 | 北 | 二 | 人 | 转 |
|---|---|---|---|---|

干 黄 饼 小 油

| 黄 | 油 | 小 | 饼 | 干 |
|---|---|---|---|---|

大 院 家 国 剧

| 国 | 家 | 大 | 剧 | 院 |
|---|---|---|---|---|

车 道 行 赛 自

| 自 | 行 | 车 | 赛 | 道 |
|---|---|---|---|---|

览 界 世 会 博

| 世 | 界 | 博 | 览 | 会 |
|---|---|---|---|---|

## 对照嗅觉训练① 6

南 江 花 春 杏 雨

| 杏 | 花 | 春 | 雨 | 江 | 南 |
|---|---|---|---|---|---|

量 海 可 不 水 斗

| 海 | 水 | 不 | 可 | 斗 | 量 |
|---|---|---|---|---|---|

代 典 语 现 词 汉

| 现 | 代 | 汉 | 语 | 词 | 典 |
|---|---|---|---|---|---|

肉 菜 饺 韭 猪 水

| 猪 | 肉 | 韭 | 菜 | 水 | 饺 |
|---|---|---|---|---|---|

雅 拉 山 马 喜 脉

| 喜 | 马 | 拉 | 雅 | 山 | 脉 |
|---|---|---|---|---|---|

如 见 闻 百 不 一

| 百 | 闻 | 不 | 如 | 一 | 见 |
|---|---|---|---|---|---|

公 克 匹 林 园 奥

| 奥 | 林 | 匹 | 克 | 公 | 园 |
|---|---|---|---|---|---|

雨 西 林 纳 双 版

| 西 | 双 | 版 | 纳 | 雨 | 林 |
|---|---|---|---|---|---|

板 子 男 雪 单 滑

| 男 | 子 | 单 | 板 | 滑 | 雪 |
|---|---|---|---|---|---|

之 代 绸 古 丝 路

| 古 | 代 | 丝 | 绸 | 之 | 路 |
|---|---|---|---|---|---|

对照嗅觉训练② 1

| | | | |
|---|---|---|---|
| 1 | 红绿灯 | 6 | 拉面 |
| 2 | 小麦粉 | 7 | 狮子 |
| 3 | 燕子 | 8 | 地球 |
| 4 | 钻石 | 9 | 原子 |
| 5 | 唐僧 | 10 | 熊猫 |

对照嗅觉训练② 2

| | | | |
|---|---|---|---|
| 1 | 医生 | 6 | 春天 |
| 2 | 意大利 | 7 | 心脏 |
| 3 | 电影 | 8 | 手风琴 |
| 4 | 爱迪生 | 9 | 台风 |
| 5 | 卡拉OK | 10 | 扑克 |

对照嗅觉训练② 3

| | | | |
|---|---|---|---|
| 1 | 熨斗 | 6 | 日历 |
| 2 | 足球 | 7 | 豆腐 |
| 3 | 舞蹈 | 8 | 鲸鱼 |
| 4 | 猜拳 | 9 | 象棋 |
| 5 | 珍珠 | 10 | 毛巾 |

对照嗅觉训练②
4

| | |
|---|---|
| 1 拍片 | 6 汉字 |
| 2 寺庙 | 7 婚礼 |
| 3 烟花 | 8 圣诞节 |
| 4 冲浪 | 9 彩虹 |
| 5 盐 | 10 天气预报 |

对照嗅觉训练②
5

| | |
|---|---|
| 1 酸奶 | 6 出租车 |
| 2 富士山 | 7 吉他 |
| 3 头盔 | 8 赌博 |
| 4 空手道 | 9 光合作用 |
| 5 毕业 | 10 忍者 |

对照嗅觉训练②
6

| | |
|---|---|
| 1 德国 | 6 月亮 |
| 2 减肥 | 7 气体 |
| 3 游乐园 | 8 银行 |
| 4 播音员 | 9 咖啡 |
| 5 红薯 | 10 花样滑冰 |

第4章 想象嗅觉训练

# 想象嗅觉能力测试

首先请阅读下段暗示某个图形的文字，在脑海中想象所描述的图形。想象完毕就从右边的图形中选出正确的一个吧。

（※选择图形时不能再回顾文字）

**文字**

正方形中内接了一个圆，正方形和圆之间的部分涂成了黑色，从正方形和圆的接点处引出了横竖共两条圆的直径，两条直径的四个端点均与正方形外侧黑色三角形的顶点相接。

**图形**

【 想象嗅觉能力测试的答案 】

B

我们的大脑原本就十分擅长利用想象去思考，因此在记忆事物时借助想象也能变得更加轻松。想象的力量是巨大的，甚至可以直截了当地说，“记忆力就是想象之力”。

但就像刚才那样，根据文字的描述想象出正确的图形或许并没有预想的那么简单。很多人平时阅读纸面上的文字时，都习惯于将内容以文字的形式原封不动地记忆下来，从而削弱了想象力。

除此之外，我们平时也很少能遇到需要主动去进行想象的情况。那么，就趁这个机会，让我们通过本书来培养能够将文字转化为图像的意识——“想象嗅觉”，进一步强化记忆力吧。

# 利用想象嗅觉让“转身就忘”成为过去

首先我想在这里做一个实验。

请大家闭上眼，在自己脑海中浮现出“熊猫”。

头脑中是不是出现了熊猫那可爱的黑白模样呢？

即便实验中并没有提到“请想象熊猫的样子”，但我想应该没有哪位只在脑海中浮现出“熊”“猫”两个汉字本身吧。

就像这样，人类的大脑会更容易优先记忆图形或影像而不是文字，回忆的时候也是如此。证据之一就是作为记忆的一种，过去生活的回忆会更多地以图像的形式留在脑海中，长久地保存在记忆里。

世界上存在着众多记忆窍门，我自己也使用了很多技巧。可以说很多五花八门的小诀窍其实本质都是一样的，都是“通过影像来记忆，将信息图像化”。无论是单词还是数字还是人名，将文字变换为影像去记忆一直都是记忆窍门的基础。

若能充分利用大脑的这一特性，我们就能相当轻松地快速记忆大量信息。本书把这种将信息从文字变换为图形的意识称作“想象嗅觉”，下面就通过书中的训练来培养这种意识吧。

一开始还不习惯在脑海中想象出新事物时可能的确会比较花时间，但完全无需觉得这种训练存在难度，人类的大脑原本就具备优秀的想象能力，这不过是习惯的问题罢了。这种训练效果显著，能让我们逐渐找回想象能力，在脑海中顺畅地构建出具体的形象。

想象嗅觉训练

# 1

# 记住并再现图形

请记住图形，并在其他纸上画下来。先将图形的特征和规律用语言表示和整理出来，再在脑海中想象出图形，这是提升记忆能力的诀窍。等到可以想象出完整的图形，就在不看图案的情况下将其画在其他纸上吧。

**例题** 请先观察图形排列、颜色的特征和规律，用语言确定下来后在脑海中进行想象，接着合上书将其画在其他纸上。

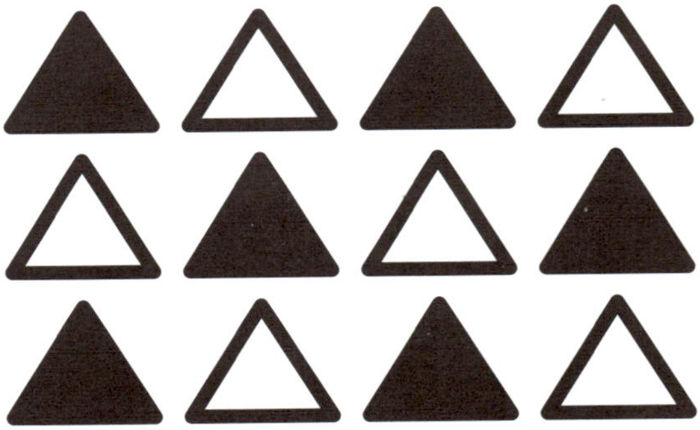

**参考** 图形的特征 · 规律

- 三角形有三行四列。
- 一行中三角形交错排列。
- 两行之间黑白三角形错开。

每列有两对由上下两个词语构成的组合，请想象出每组中两个词语的组合并记下来。

越有趣、越独特的想象，越能留下更深刻的记忆。

几对组合想象完成后，请到相应的空白栏中填入对应的词语。

想象嗅觉训练

## 2 回忆词语组合

**例题** 请想象出上下两个词语的组合，全部完成后，请在空白栏中填入对应的词语。

| 1 | 2 | 3 |
|---|---|---|
| 过山车 | 西红柿 | 大佛 |
| 自由女神 | 圆珠笔 | 书包 |

**想象范例**

1.自由女神坐上了过山车。
2.圆珠笔刺进了西红柿。
3.大佛背着书包。

| 1 | 2 | 3 |
|---|---|---|
| 过山车 | 西红柿 | 大佛 |
| 自由女神 | 圆珠笔 | 书包 |

想象嗅觉训练 ①

1

请先观察图形位置、高度的特征和规律，用语言确定下来后在脑海中进行想象，接着合上书将其画在其他纸上。

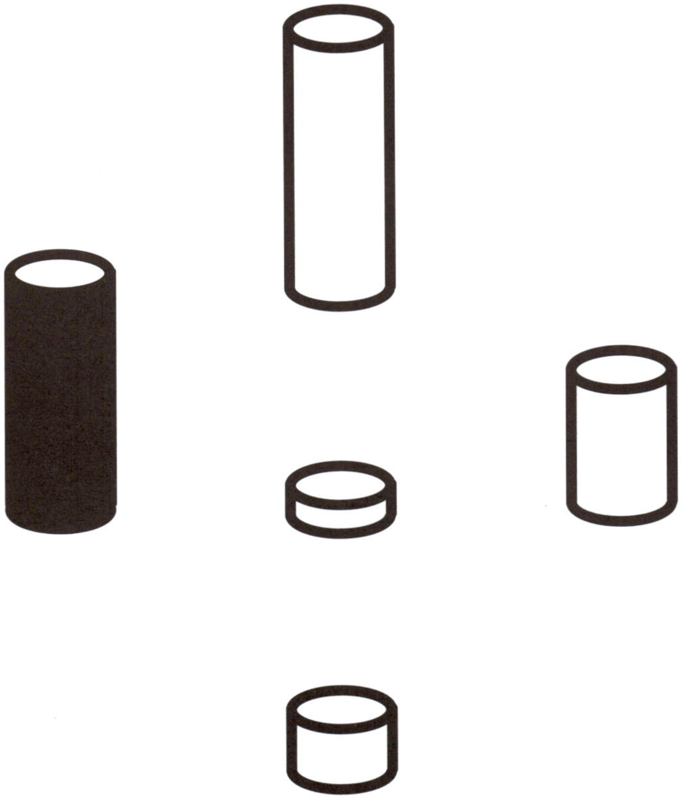

想象嗅觉训练 ①

2

请先观察图形排列、表情的特征和规律，用语言确定下来后在脑海中进行想象，接着合上书将其画在其他纸上。

想象嗅觉训练 ①

3

请先观察图形的特征和规律，用语言确定下来后在脑海中进行想象，接着合上书将其画在其他纸上。

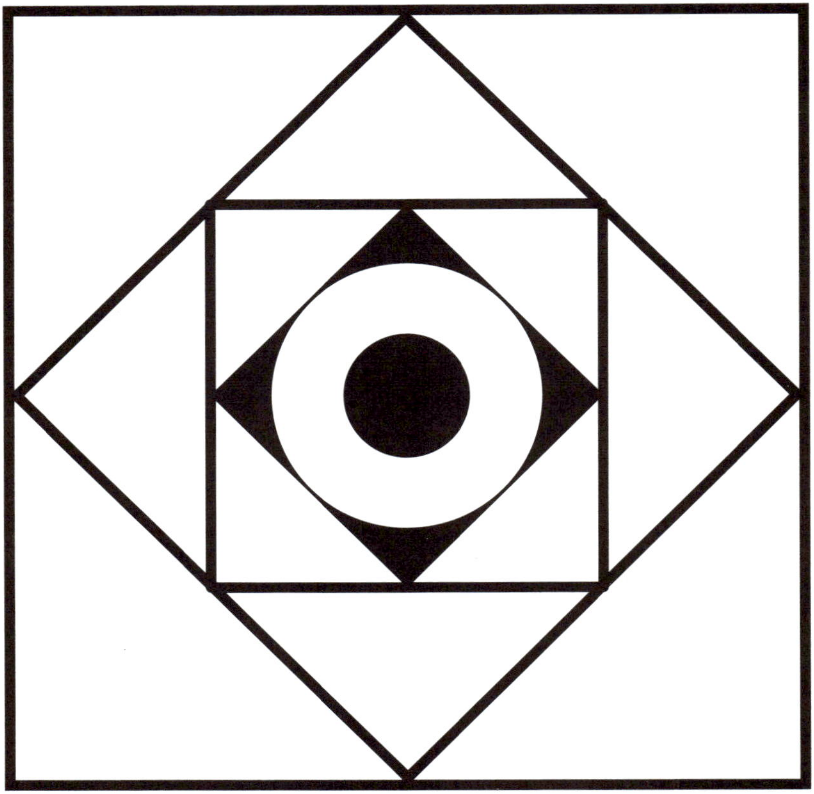

想象嗅觉训练 ①

4

请先观察图形的特征和规律，用语言确定下来后在脑海中进行想象，接着合上书将其画在其他纸上。

想象嗅觉训练 ①

5

请先观察图形的特征和规律，用语言确定下来后在脑海中进行想象，接着合上书将其画在其他纸上。

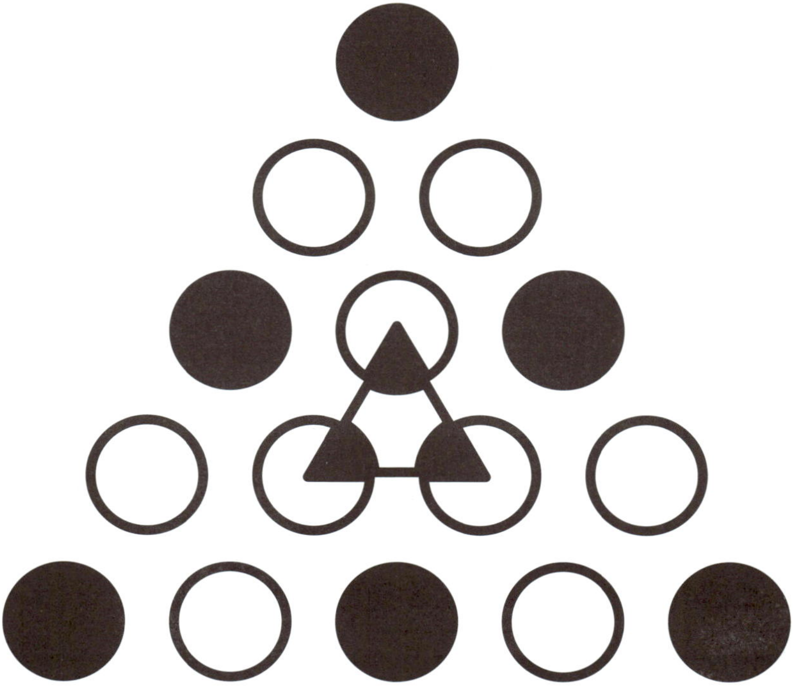

想象嗅觉训练①

6

请先观察图形的特征和规律，用语言确定下来后在脑海中进行想象，接着合上书将其画在其他纸上。

想象嗅觉训练②

1

请想象出从1到20的词语组合，全部记下来后翻到第114页。

| 1 | 2 | 3 | 4 | 5 |
|---|---|---|---|---|
| 积水 | 床 | 围巾 | 芥末 | 剪刀 |
| 包袱 | 锯子 | 玫瑰 | 炸肉饼 | 草坪 |

| 6 | 7 | 8 | 9 | 10 |
|---|---|---|---|---|
| 石头 | 富士山 | 螳螂 | 椅子 | 火腿 |
| 年糕 | 布丁 | 西瓜 | 口香糖 | 啄木鸟 |

| 11 | 12 | 13 | 14 | 15 |
|---|---|---|---|---|
| 鸡肉串 | 菜椒 | 蹦床 | 小号 | 沙发 |
| 杯子 | 河流 | 河马 | 柠檬 | 金鱼 |

| 16 | 17 | 18 | 19 | 20 |
|---|---|---|---|---|
| 吸尘器 | 直升机 | 蜘蛛网 | 大猩猩 | 狐狸 |
| 足球 | 烟囱 | 豆腐 | 冰激凌 | 温泉 |

想象嗅觉训练②

2

请想象出从1到20的词语组合，全部记下来后翻到第115页。

| 1 | 2 | 3 | 4 | 5 |
|---|---|---|---|---|
| 鳄鱼 | 辣椒 | 意面 | 床 | 话筒 |
| 平底锅 | 刨冰 | 滑滑梯 | 花生 | 医生 |

| 6 | 7 | 8 | 9 | 10 |
|---|---|---|---|---|
| 套圈 | 乌龟 | 老婆婆 | 奶油 | 降落伞 |
| 皮筋 | 保龄球 | 棒球 | 钻石 | 水桶 |

| 11 | 12 | 13 | 14 | 15 |
|---|---|---|---|---|
| 单杠 | 虾 | 土星 | 盘子 | 球棒 |
| 老鼠 | 喷泉 | 煎蛋 | 泡沫 | 卷心菜 |

| 16 | 17 | 18 | 19 | 20 |
|---|---|---|---|---|
| 扑克 | 水槽 | 房廊 | 长颈鹿 | 帽子 |
| 门松 | 戒指 | 棉花糖 | 窗户 | 橡果 |

想象嗅觉训练 ②

3

请想象出从1到20的词语组合，全部记下来后翻到第116页。

| 1 | 2 | 3 | 4 | 5 |
|---|---|---|---|---|
| 靴子 | 冰激凌 | 海盗 | 苹果 | 手套 |
| 落叶 | 拉面 | 被子 | 农田 | 稻草人 |

| 6 | 7 | 8 | 9 | 10 |
|---|---|---|---|---|
| 蒲公英 | 骑士 | 袜子 | 三明治 | 蜂蜜 |
| 保龄球 | 筷子 | 冰 | 烤红薯 | 雪人 |

| 11 | 12 | 13 | 14 | 15 |
|---|---|---|---|---|
| 信号 | 机场 | 塔吊 | 招牌 | 钟表 |
| 烟雾 | 摩托车 | 砂糖 | 口红 | 洗衣机 |

| 16 | 17 | 18 | 19 | 20 |
|---|---|---|---|---|
| 喷嚏 | 球拍 | 雷 | 陨石 | 大厦 |
| 芝麻 | 毛虫 | 恐龙 | 黄瓜 | 烟花 |

想象嗅觉训练②

4

请想象出从1到20的词语组合，全部记下来后翻到第117页。

| 1 | 2 | 3 | 4 | 5 |
|---|---|---|---|---|
| 叉子 | 酱油 | 高铁 | 天线 | 咖啡 |
| 菠萝 | 淋浴 | 果酱 | 流星 | 骸骨 |

| 6 | 7 | 8 | 9 | 10 |
|---|---|---|---|---|
| 蛋糕 | 肉包子 | 机器人 | 胶带 | 草莓 |
| 咖喱 | 云 | 大鼓 | 隐形眼镜 | 伞 |

| 11 | 12 | 13 | 14 | 15 |
|---|---|---|---|---|
| 孔子 | 枕头 | 蜗牛 | 狮子 | 田地 |
| 救护车 | 汉堡包 | 勺子 | 面具 | 刷子 |

| 16 | 17 | 18 | 19 | 20 |
|---|---|---|---|---|
| 大力士 | 咖啡杯 | 海豚 | 鲸鱼 | 沙包 |
| 熊猫 | 章鱼 | 救生圈 | 抽屉 | 响板 |

想象嗅觉训练②

**5**

请想象出从1到20的词语组合，全部记下来后翻到第118页。

| 1 | 2 | 3 | 4 | 5 |
|---|---|---|---|---|
| 向日葵 | 放大镜 | 孔雀 | 簸箩 | 喷壶 |
| 胡髭 | 嘴唇 | 挂画 | 项链 | 煎鸡蛋 |

| 6 | 7 | 8 | 9 | 10 |
|---|---|---|---|---|
| 警官 | 自行车 | 手表 | 地毯 | 狗 |
| 吉他 | 忍者 | 梅干 | 墨水 | 滑雪 |

| 11 | 12 | 13 | 14 | 15 |
|---|---|---|---|---|
| 甜甜圈 | 裁纸刀 | 秋千 | 纸飞机 | 龙卷风 |
| 桌子 | 香蕉 | 摔跤手 | 金字塔 | 魔芋 |

| 16 | 17 | 18 | 19 | 20 |
|---|---|---|---|---|
| 西瓜 | 直升机 | 日光灯 | 扬声器 | 乌冬面 |
| 比萨饼 | 冰棱 | 蘑菇 | 袋鼠 | 玉米 |

请想象出从1到20的词语组合，全部记下来后翻到第119页。

想象嗅觉训练②

6

| 1 | 2 | 3 | 4 | 5 |
|---|---|---|---|---|
| 大厦 | 警车 | 球场 | 空调 | 团扇 |
| 锤子 | 钉子 | 企鹅 | 火焰 | 蝴蝶 |

| 6 | 7 | 8 | 9 | 10. |
|---|---|---|---|---|
| 眼泪 | 锁 | 卫生纸 | 敞篷车 | 月亮 |
| 沙坑 | 鲸鱼 | 扶梯 | 南瓜 | 鸡蛋 |

| 11 | 12 | 13 | 14 | 15 |
|---|---|---|---|---|
| 火山 | 芝麻 | 黑板 | 婴儿 | 帆船 |
| 番茄酱 | 电风扇 | 报纸 | 气球 | 篝火 |

| 16 | 17 | 18 | 19 | 20 |
|---|---|---|---|---|
| 玻璃珠 | 落叶 | 学校 | 道路 | 太阳镜 |
| 小麦粉 | 泳池 | 铁路 | 葡萄 | 鬼魂 |

想象嗅觉训练 ②

1

第108页表格中的一部分变成了空白栏，请回忆之前的想象，在空白栏中填入对应的词语。

| 1 | 2 | 3 | 4 | 5 |
| --- | --- | --- | --- | --- |
| 积水 | 床 | 围巾 | 芥末 | 剪刀 |
| | | | | |

| 6 | 7 | 8 | 9 | 10 |
| --- | --- | --- | --- | --- |
| 石头 | 富士山 | 螳螂 | 椅子 | 火腿 |
| | | | | |

| 11 | 12 | 13 | 14 | 15 |
| --- | --- | --- | --- | --- |
| 鸡肉串 | 菜椒 | 蹦床 | 小号 | 沙发 |
| | | | | |

| 16 | 17 | 18 | 19 | 20 |
| --- | --- | --- | --- | --- |
| 吸尘器 | 直升机 | 蜘蛛网 | 大猩猩 | 狐狸 |
| | | | | |

想象嗅觉训练 ②

2

第109页表格中的一部分变成了空白栏，请回忆之前的想象，在空白栏中填入对应的词语。

| 1 | 2 | 3 | 4 | 5 |
|---|---|---|---|---|
| 鳄鱼 | 辣椒 | 意面 | 床 | 话筒 |
| | | | | |

| 6 | 7 | 8 | 9 | 10 |
|---|---|---|---|---|
| 套圈 | 乌龟 | 老婆婆 | 奶油 | 降落伞 |
| | | | | |

| 11 | 12 | 13 | 14 | 15 |
|---|---|---|---|---|
| 单杠 | 虾 | 土星 | 盘子 | 球棒 |
| | | | | |

| 16 | 17 | 18 | 19 | 20 |
|---|---|---|---|---|
| 扑克 | 水槽 | 房廊 | 长颈鹿 | 帽子 |
| | | | | |

想象嗅觉训练②

3

第110页表格中的一部分变成了空白栏，请回忆之前的想象，在空白栏中填入对应的词语。

| 1 | 2 | 3 | 4 | 5 |
|---|---|---|---|---|
| 靴子 | 冰激凌 | 海盗 | 苹果 | 手套 |
| | | | | |

| 6 | 7 | 8 | 9 | 10 |
|---|---|---|---|---|
| 蒲公英 | 骑士 | 袜子 | 三明治 | 蜂蜜 |
| | | | | |

| 11 | 12 | 13 | 14 | 15 |
|---|---|---|---|---|
| 信号 | 机场 | 塔吊 | 招牌 | 钟表 |
| | | | | |

| 16 | 17 | 18 | 19 | 20 |
|---|---|---|---|---|
| 喷嚏 | 球拍 | 雷 | 陨石 | 大厦 |
| | | | | |

想象嗅觉训练②

4

第111页表格中的一部分变成了空白栏，请回忆之前的想象，在空白栏中填入对应的词语。

| 1 | 2 | 3 | 4 | 5 |
|---|---|---|---|---|
| 叉子 | 酱油 | | | 咖啡 |
| | | 果酱 | 流星 | |

| 6 | 7 | 8 | 9 | 10 |
|---|---|---|---|---|
| 蛋糕 | 肉包子 | | 胶带 | |
| | | 大鼓 | | 伞 |

| 11 | 12 | 13 | 14 | 15 |
|---|---|---|---|---|
| 孔子 | | 蜗牛 | | |
| | 汉堡包 | | 面具 | 刷子 |

| 16 | 17 | 18 | 19 | 20 |
|---|---|---|---|---|
| 大力士 | | | 鲸鱼 | |
| | 章鱼 | 救生圈 | | 响板 |

想象嗅觉训练②

5

第112页表格中的一部分变成了空白栏，请回忆之前的想象，在空白栏中填入对应的词语。

| 1 | 2 | 3 | 4 | 5 |
|---|---|---|---|---|
| | 放大镜 | | | |
| 胡髭 | | 挂画 | 项链 | 煎鸡蛋 |

| 6 | 7 | 8 | 9 | 10 |
|---|---|---|---|---|
| 警官 | 自行车 | | 地毯 | |
| | | 梅干 | | 滑雪 |

| 11 | 12 | 13 | 14 | 15 |
|---|---|---|---|---|
| 甜甜圈 | 裁纸刀 | | | 龙卷风 |
| | | 摔跤手 | 金字塔 | |

| 16 | 17 | 18 | 19 | 20 |
|---|---|---|---|---|
| 西瓜 | | 日光灯 | | 乌冬面 |
| | 冰棱 | | 袋鼠 | |

想象嗅觉训练②

6

第113页表格中的一部分变成了空白栏，请回忆之前的想象，在空白栏中填入对应的词语。

| 1 | 2 | 3 | 4 | 5 |
|---|---|---|---|---|
| 大厦 | 警车 | 球场 | 空调 | |
| | | | | 蝴蝶 |

| 6 | 7 | 8 | 9 | 10 |
|---|---|---|---|---|
| 眼泪 | | | 敞篷车 | |
| | 鲸鱼 | 扶梯 | | 鸡蛋 |

| 11 | 12 | 13 | 14 | 15 |
|---|---|---|---|---|
| 火山 | | | 婴儿 | |
| | 电风扇 | 报纸 | | 篝火 |

| 16 | 17 | 18 | 19 | 20 |
|---|---|---|---|---|
| 玻璃珠 | | 学校 | | 太阳镜 |
| | 泳池 | | 葡萄 | |

在日常生活中
进一步
锻炼记忆力

# 牢记他人长相、名字的想象嗅觉锻炼方法

在识记别人名字的时候，必须要同时记下图像信息“长相”和文字信息“名字”才行。名字本身只是文字，记忆起来原本就不容易，而且跟长相特征也没有关联性，这会让我们记忆别人的名字和长相时变得更加困难，而想象嗅觉在这时候就能派上大用场。

大家有没有过这样的情况呢？记不住别人的名字，却能记住他们的工作和兴趣。这是因为工作和兴趣是我们能够在大脑中想象出来的东西，我们在处理这些信息的过程中会无意识地对其进行想象和关联，相比名字就更加容易记住了。

因此，在记忆文字信息“名字”时，我们也可以将其变为图像，令记忆更加轻松。例如可以在名字的基础上进行创作，将其跟对方的性格、工作、兴趣和人际关系等特征联系起来。

比如说“彭万里”这个名字就可以自由想象成“这个人有空就会

去爬万里长城”，“李文香”这个名字也可以谐音处理成“她很怕蚊子所以家里经常点蚊（文）香”。如果名字跟名人或自己的熟人有一定关系，那么这一点也可以被我们利用，比如“张德华”这个名字，我们就可以自己在脑海中想象成“那个人是刘德华的粉丝”。

这个过程中最重要的就是，要在想象的过程中融入当事人的相貌。用上面的例子来说，“彭万里”本人的形象就要让人觉得这个人经常锻炼，喜欢爬山才行。将对方本人的形象联系进来，图像信息“长相”和文字信息“名字”就能得到有机的结合，起到强化记忆的效果。

如此一来，在回忆对方名字时，我们只需回忆起相关的想象即可。这份想象中包含了对方的相貌和名字，根据想象就能顺藤摸瓜地回想起正确的名字。

# 想象嗅觉训练的答案

想象嗅觉训练①
1

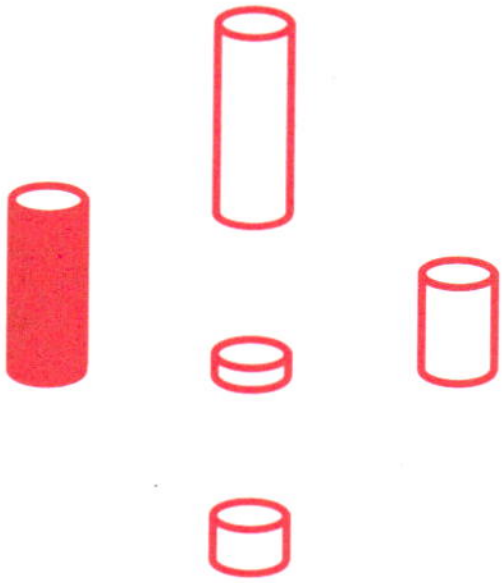

参考 图形的规律 · 特征

- 圆柱分布在“上、下、左、右、中”五个位置。
- 按从高到矮的顺序是“上→左→右→下→中”。
- 只有左边的圆柱是黑色，其他的都是白色。

想象嗅觉训练①
2

参考 图形的规律 · 特征

- 喜怒哀乐的顺序是“最右→最左→偏右→偏左”。
- 四个表情中“喜”是半圆加曲线，“怒”是曲线加直线，“哀”是直线加黑点，“乐”是黑点加曲线。

想象嗅觉训练①
3

参考 图形的规律 · 特征

- 有四个正方形。
- 最小的正方形内部有两个同心圆。
- 最小的正方形和最小的圆是黑色的。
- 正方形每条边的中点连接内部的角或圆。

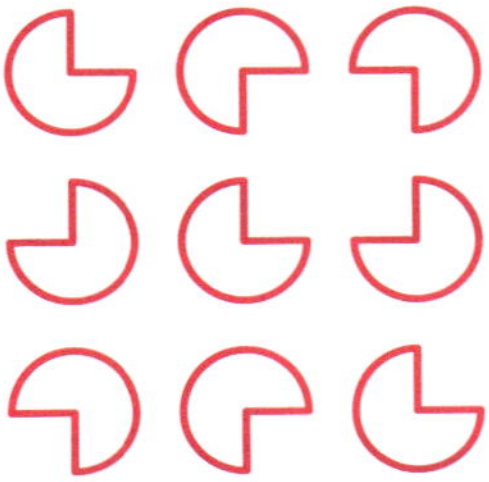

参考 图形的规律·特征

- 缺了四分之一的圆组成了三行三列。
- 从左上的残缺圆形开始往右，圆中的残缺部分依次顺时针旋转。第二行也是如此，当图形恢复左上的初始状态时，反过来开始逆时针旋转，第三行从左到右也是逆时针旋转。

参考 图形的规律·特征

- 大三角形每边由五个圆形组成。
- 大三角形内部是由三个白色圆形组成的三角形。
- 大三角形每边两端和中间的圆形是黑色的。
- 内部三个白色圆形的圆心连接成一个三角形，三角形和圆形的重叠部分是黑色的。

参考 图形的规律·特征

- 一个大的白色三角形内部有一个黑色三角形。
- 上述三角形的三个角处均有一个小三角形，小三角形的顶点连接黑色三角形的顶点，底边中点连接外侧大三角形的顶点。
- 小三角形只有跟外侧大三角形重叠的部分是白色的。

想象嗅觉训练②

1

| 1 | 2 | 3 | 4 | 5 |
|---|---|---|---|---|
| 积水 | 床 | 围巾 | 芥末 | 剪刀 |
| 包袱 | 锯子 | 玫瑰 | 炸肉饼 | 草坪 |

| 6 | 7 | 8 | 9 | 10 |
|---|---|---|---|---|
| 石头 | 富士山 | 螳螂 | 椅子 | 火腿 |
| 年糕 | 布丁 | 西瓜 | 口香糖 | 啄木鸟 |

| 11 | 12 | 13 | 14 | 15 |
|---|---|---|---|---|
| 鸡肉串 | 菜椒 | 蹦床 | 小号 | 沙发 |
| 杯子 | 河流 | 河马 | 柠檬 | 金鱼 |

| 16 | 17 | 18 | 19 | 20 |
|---|---|---|---|---|
| 吸尘器 | 直升机 | 蜘蛛网 | 大猩猩 | 狐狸 |
| 足球 | 烟囱 | 豆腐 | 冰激凌 | 温泉 |

想象嗅觉训练②

2

| 1 | 2 | 3 | 4 | 5 |
|---|---|---|---|---|
| 鳄鱼 | 辣椒 | 意面 | 床 | 话筒 |
| 平底锅 | 刨冰 | 滑滑梯 | 花生 | 医生 |

| 6 | 7 | 8 | 9 | 10 |
|---|---|---|---|---|
| 套圈 | 乌龟 | 老婆婆 | 奶油 | 降落伞 |
| 皮筋 | 保龄球 | 棒球 | 钻石 | 水桶 |

| 11 | 12 | 13 | 14 | 15 |
|---|---|---|---|---|
| 单杠 | 虾 | 土星 | 盘子 | 球棒 |
| 老鼠 | 喷泉 | 煎蛋 | 泡沫 | 卷心菜 |

| 16 | 17 | 18 | 19 | 20 |
|---|---|---|---|---|
| 扑克 | 水槽 | 房廊 | 长颈鹿 | 帽子 |
| 门松 | 戒指 | 棉花糖 | 窗户 | 橡果 |

想象嗅觉训练②

3

| 1 | 2 | 3 | 4 | 5 |
|---|---|---|---|---|
| 靴子 | 冰激凌 | 海盗 | 苹果 | 手套 |
| 落叶 | 拉面 | 被子 | 农田 | 稻草人 |

| 6 | 7 | 8 | 9 | 10 |
|---|---|---|---|---|
| 蒲公英 | 骑士 | 袜子 | 三明治 | 蜂蜜 |
| 保龄球 | 筷子 | 冰 | 烤红薯 | 雪人 |

| 11 | 12 | 13 | 14 | 15 |
|---|---|---|---|---|
| 信号 | 机场 | 塔吊 | 招牌 | 钟表 |
| 烟雾 | 摩托车 | 砂糖 | 口红 | 洗衣机 |

| 16 | 17 | 18 | 19 | 20 |
|---|---|---|---|---|
| 喷嚏 | 球拍 | 雷 | 陨石 | 大厦 |
| 芝麻 | 毛虫 | 恐龙 | 黄瓜 | 烟花 |

想象嗅觉训练②

4

| 1 | 2 | 3 | 4 | 5 |
|---|---|---|---|---|
| 叉子 | 酱油 | 高铁 | 天线 | 咖啡 |
| 菠萝 | 淋浴 | 果酱 | 流星 | 骸骨 |

| 6 | 7 | 8 | 9 | 10 |
|---|---|---|---|---|
| 蛋糕 | 肉包子 | 机器人 | 胶带 | 草莓 |
| 咖喱 | 云 | 大鼓 | 隐形眼镜 | 伞 |

| 11 | 12 | 13 | 14 | 15 |
|---|---|---|---|---|
| 孔子 | 枕头 | 蜗牛 | 狮子 | 田地 |
| 救护车 | 汉堡包 | 勺子 | 面具 | 刷子 |

| 16 | 17 | 18 | 19 | 20 |
|---|---|---|---|---|
| 大力士 | 咖啡杯 | 海豚 | 鲸鱼 | 沙包 |
| 熊猫 | 章鱼 | 救生圈 | 抽屉 | 响板 |

想象嗅觉训练②
5

| 1 | 2 | 3 | 4 | 5 |
|---|---|---|---|---|
| 向日葵 | 放大镜 | 孔雀 | 簸箩 | 喷壶 |
| 胡髭 | 嘴唇 | 挂画 | 项链 | 煎鸡蛋 |

| 6 | 7 | 8 | 9 | 10 |
|---|---|---|---|---|
| 警官 | 自行车 | 手表 | 地毯 | 狗 |
| 吉他 | 忍者 | 梅干 | 墨水 | 滑雪 |

| 11 | 12 | 13 | 14 | 15 |
|---|---|---|---|---|
| 甜甜圈 | 裁纸刀 | 秋千 | 纸飞机 | 龙卷风 |
| 桌子 | 香蕉 | 摔跤手 | 金字塔 | 魔芋 |

| 16 | 17 | 18 | 19 | 20 |
|---|---|---|---|---|
| 西瓜 | 直升机 | 日光灯 | 扬声器 | 乌冬面 |
| 比萨饼 | 冰棱 | 蘑菇 | 袋鼠 | 玉米 |

想象嗅觉训练②
6

| 1 | 2 | 3 | 4 | 5 |
|---|---|---|---|---|
| 大厦 | 警车 | 球场 | 空调 | 团扇 |
| 锤子 | 钉子 | 企鹅 | 火焰 | 蝴蝶 |

| 6 | 7 | 8 | 9 | 10 |
|---|---|---|---|---|
| 眼泪 | 锁 | 卫生纸 | 敞篷车 | 月亮 |
| 沙坑 | 鲸鱼 | 扶梯 | 南瓜 | 鸡蛋 |

| 11 | 12 | 13 | 14 | 15 |
|---|---|---|---|---|
| 火山 | 芝麻 | 黑板 | 婴儿 | 帆船 |
| 番茄酱 | 电风扇 | 报纸 | 气球 | 篝火 |

| 16 | 17 | 18 | 19 | 20 |
|---|---|---|---|---|
| 玻璃珠 | 落叶 | 学校 | 道路 | 太阳镜 |
| 小麦粉 | 泳池 | 铁路 | 葡萄 | 鬼魂 |

第5章 关联嗅觉训练

# 关联嗅觉能力测试

请在 1 分钟内记住下列 10 个词语，然后合上书尽可能地回忆出来。

- 面包
- 西红柿
- 洗发水
- 电池
- 牛奶
- 拖鞋
- 卫生纸
- 蜂蜜
- 信封
- 牙刷

【 关联嗅觉能力测试的答案 】

【 能够回忆出8个以上就很厉害啦！ 】

- 面包
- 西红柿
- 洗发水
- 电池
- 牛奶
- 拖鞋
- 卫生纸
- 蜂蜜
- 信封
- 牙刷

怎么样，没记住几个的人是不是抱着把10个词语逐个记下来的打算呢？这样一来就只能一个一个地回忆词语了。而与其相对，能够记住大量词语的人更倾向于以某种方式将10个词语联系起来，减少回忆时需要花费的精力。

这种寻找关联的方法对于高效率记忆大量信息是非常有用的。信息若各自独立地进入大脑中，用到的时候也只能一个个提取，但若是关联起来的一连串信息，只要想起一个就能顺藤摸瓜回忆出其他内容。本书将这种把信息关联起来的意识称作“关联嗅觉”，在日常生活中，关联嗅觉也是本书介绍的五种能力中最为有用的一种。

# 利用关联嗅觉让“明明知道就是想不起来”成为过去

记忆力不仅仅是“记住的能力”，其实一共包含三大要素。

用心理学的术语来说，记忆力包括“铭记”“保持”“想起”三个部分：“铭记”是将信息存入脑中的过程，也就是记住；“保持”是令脑海中的信息长久存在；而最后的“想起”则是将大脑中的信息提取出来，也就是回忆的过程。

人类记住事物和信息的能力原本是不存在太大差异的，而对自己的记忆力缺乏信心的人往往是不擅长“想起”（也就是回忆）的那一类。

其中的原因主要在于记忆信息的方法。不擅长回忆的人记入脑海的是支离破碎的信息，在回忆时只能将其一个个单独提取出来。但如果将众多信息关联起来再记入脑海，回忆时只需想起其中的一个，剩下的就都能牵扯出来了。

仅仅通过这样的改变，能够回忆出的信息量就能有显著的增加，是不是很好理解呢？

想象嗅觉训练一章中提到过记忆窍门的本质在于想象，但其实还有一个关键的要素，那就是本章提到的“关联”，可以说这是一种能够让记忆和回忆都变得更轻松的技巧。

然而将零散独立的众多信息关联起来并不是那么简单，差不多谁都可以做到这一点，但做到顺畅自然却需要长久的努力和习惯。毕竟那些信息最初都是支离破碎、彼此没有关联的，而将其联系起来就必须要靠我们自己找到其中的关联性。

接下来的训练正是为了培养这种关联嗅觉，完成这些训练后，想必大家也就能擅长于寻找信息之间的关联了。

关联嗅觉训练

# 1 从答案反推算式

请使用上面的数字通过3次计算得到下面的答案[1]，每个数字必须且只能使用一次。计算时请在大脑中进行，不要使用纸笔。

可以使用加减乘除四则运算，且一道题不一定要全部使用[2]。

另外，进行计算时数字的顺序可以任意调整，但前一个算式计算出的答案要放在下一个算式的开头[3]。

**例题** 请使用上面的数字通过3次计算得到下面的答案，每个数字必须且只能使用一次。

| 3 | 2 | 4 | 5 |
|---|---|---|---|

| 2 |
|---|

**解答例** 3 × 4=12 / 12−2=10 /10 ÷ 5=2

① 解答不只有一种，请尝试思考多种方法。

② 只用到加法计算也可以。

③ 比如“2+3=5”的计算之后可以进行“5 × 4”的计算，但不能进行“4 × 5”的计算。

关联嗅觉训练

# 2 再现图案的顺序

题中每一行有5幅图案，请按照从左到右的顺序为其创作一个故事，故事内容不限。

完成故事创作之后，请按正确顺序重新排列打乱后的图案。

**例题** 请按照从左到右的顺序为图案创作一个故事，再将打乱的图案恢复原本的顺序。

**范例故事** 打开空易拉罐后出现了龙卷风，把海里的鲸鱼卷上了天，掉下来的鲸鱼砸下来，导致火山爆发。

| 5 | 4 | 2 | 1 | 3 |
|---|---|---|---|---|

关联嗅觉训练 ①

1

请使用上面的数字在大脑中通过3次计算得到下面的答案，每个数字必须且只能使用一次。

| | | | |
|---|---|---|---|
| 6 | 4 | 2 | 5 |

| |
|---|
| 1 |

请使用上面的数字在大脑中通过3次计算得到下面的答案，每个数字必须且只能使用一次。

| | | | |
|---|---|---|---|
| 8 | 5 | 7 | 1 |

| |
|---|
| 3 |

关联嗅觉训练①

3

请使用上面的数字在大脑中通过3次计算得到下面的答案，每个数字必须且只能使用一次。

| | | | |
|---|---|---|---|
| 1 | 8 | 9 | 6 |

| |
|---|
| 7 |

请使用上面的数字在大脑中通过4次计算得到下面的答案，每个数字必须且只能使用一次。

关联嗅觉训练 ①

4

| | | | | |
|---|---|---|---|---|
| 4 | 8 | 5 | 2 | 1 |

| |
|---|
| 10 |

关联嗅觉训练 ①

5

请使用上面的数字在大脑中通过4次计算得到下面的答案，每个数字必须且只能使用一次。

| | | | | |
|---|---|---|---|---|
| 5 | 2 | 4 | 9 | 6 |

| |
|---|
| 10 |

关联嗅觉训练 ①

6

请使用上面的数字在大脑中通过4次计算得到下面的答案，每个数字必须且只能使用一次。

| | | | | |
|---|---|---|---|---|
| 4 | 7 | 5 | 8 | 6 |

| |
|---|
| 10 |

关联嗅觉训练 ②

1

请按照从左到右的顺序利用5幅图案自由创作一个故事，完成全部5个故事后请翻到第146页。

1

2

3

4

5

关联嗅觉训练②

2

请按照从左到右的顺序利用5幅图案自由创作一个故事，完成全部5个故事后请翻到第147页。

1 

2 

3 

4 

5 

## 关联嗅觉训练②

## 3

请按照从左到右的顺序利用5幅图案自由创作一个故事，完成全部5个故事后请翻到第148页。

1 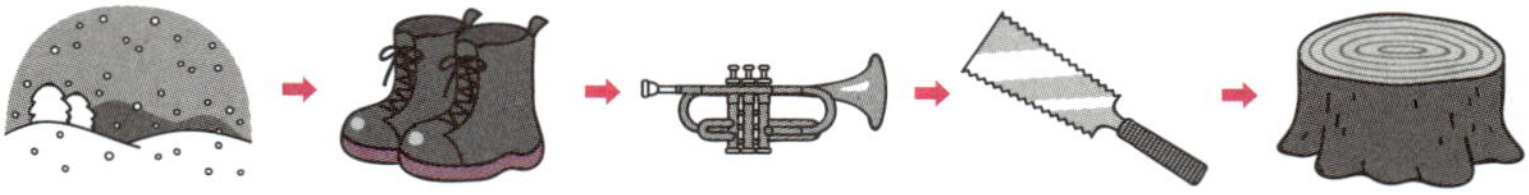

2 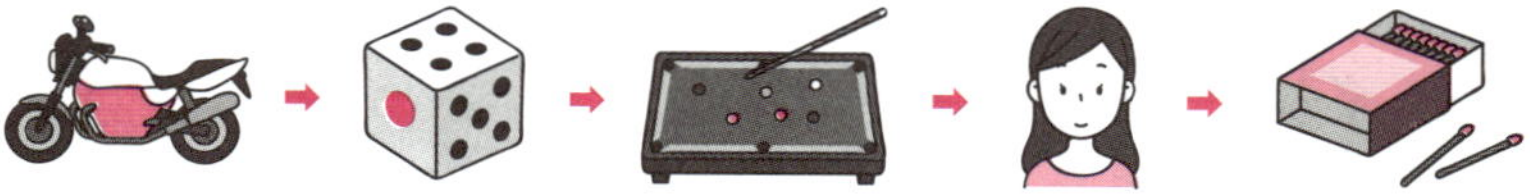

3 

4 

5 

关联嗅觉训练②

4

请按照从左到右的顺序利用5幅图案自由创作一个故事，完成全部5个故事后请翻到第149页。

1 

2 

3 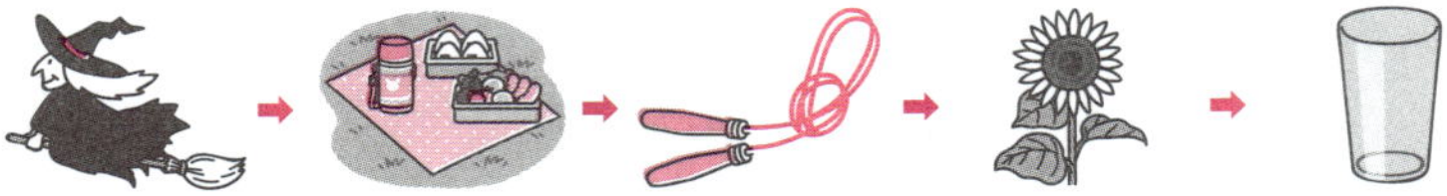

4 

5 

关联嗅觉训练②

5

请按照从左到右的顺序利用5幅图案自由创作一个故事，完成全部5个故事后请翻到第150页。

1 

2 

3 

4 

5 

关联嗅觉训练 ②

6

请按照从左到右的顺序利用5幅图案自由创作一个故事，完成全部5个故事后请翻到第151页。

❶ 

❷ 

❸ 

❹ 

❺ 

## 关联嗅觉训练 ② 1

第140页的图案全部被打乱了，一边回忆之前创作的故事，一边将图案恢复正确的顺序吧。

关联嗅觉训练 ②

2

第141页的图案全部被打乱了，一边回忆之前创作的故事，一边将图案恢复正确的顺序吧。

1 

2 

3 

4 

5 

关联嗅觉训练 ②

3

第142页的图案全部被打乱了，一边回忆之前创作的故事，一边将图案恢复正确的顺序吧。

关联嗅觉训练②

4

第143页的图案全部被打乱了，一边回忆之前创作的故事，一边将图案恢复正确的顺序吧。

1 

2 

3 

4 

5 

关联嗅觉训练②

5

第144页的图案全部被打乱了，一边回忆之前创作的故事，一边将图案恢复正确的顺序吧。

1

2

3

4

5

## 关联嗅觉训练② 6

第145页的图案全部被打乱了，一边回忆之前创作的故事，一边将图案恢复正确的顺序吧。

在日常生活中
进一步
锻炼记忆力

# 告别购物清单的关联嗅觉锻炼方法

关联嗅觉在记忆购物清单和待办事项列表时相当方便。比如说要买“西红柿”“毛巾”“啤酒”“卫生纸”“牛奶”“电池”的时候，就可以创作一个“西红柿先生用毛巾擦了擦汗，喝了许多啤酒之后喝醉了，绊到了卫生纸，牛奶盒也被撞倒泼了一地，最后掉在地上的电池让西红柿先生触电了”的故事，在大脑中回放两三次这样的场景后，要买的东西就会记得很牢。这在学习和工作中也是很有效的记忆法。

在日常生活中进一步锻炼关联嗅觉的诀窍有两个。首先是想象出来的场景一定要在大脑内重复播放，就像前面说的那样，化为影像的信息能更容易地铭刻在记忆中。

另一个诀窍是尽量想象出脱离现实的故事，这种想象能提升趣味性，勾起我们的情绪。我推荐的方法是“在想象中为出现的事物赋予生命”，比如让电脑长出手和脚，给山峰加上一张脸，让没有灵魂的事物也变得栩栩如生。这种想象中的故事情形当然不可能出现在现实中，因此自然也就能给我们的大脑带来刺激。

对于抽象的事物，用象征这些事物的意象或相关联的东西进行联想的话，同样可以创作出独特的小故事。比如在记忆国家部门时就可以用“河流”来指代“国土资源部门”，用“钞票”来指代“财政部门”，用“笔”来指代“教育部门”，等等。接下来就同样去创作类似于“从河流上游漂下一捆钞票，捡起来后用笔写上名字……”的故事吧。通过这种记忆方式，故事中出现的事物就会作为线索，令我们回忆起它们原本所代表的事物。

## 关联嗅觉训练的答案

关联嗅觉训练① 1

6 4 2 5

1

4 + 5 = 9
9 − 6 = 3
3 − 2 = 1

关联嗅觉训练① 2

8 5 7 1

3

7 + 5 = 12
12 − 8 = 4
4 − 1 = 3

关联嗅觉训练① 3

1 8 9 6

7

9 + 6 = 15
15 − 8 = 7
7 × 1 = 7

※答案不只有一种，能够算出下面数字的计算过程就是正确答案

关联嗅觉训练① 4

4 8 5 2 1

10

8 + 5 = 13
13 − 4 = 9
9 + 2 = 11
11 − 1 = 10

关联嗅觉训练① 6

4 7 5 8 6

10

8 − 7 = 1
1 × 6 = 6
6 − 4 = 2
2 × 5 = 10

关联嗅觉训练① 5

5 2 4 9 6

10

9 + 6 = 15
15 ÷ 5 = 3
3 × 2 = 6
6 + 4 = 10

※答案不只有一种，能够算出下面数字的计算过程就是正确答案

关联嗅觉训练②

1

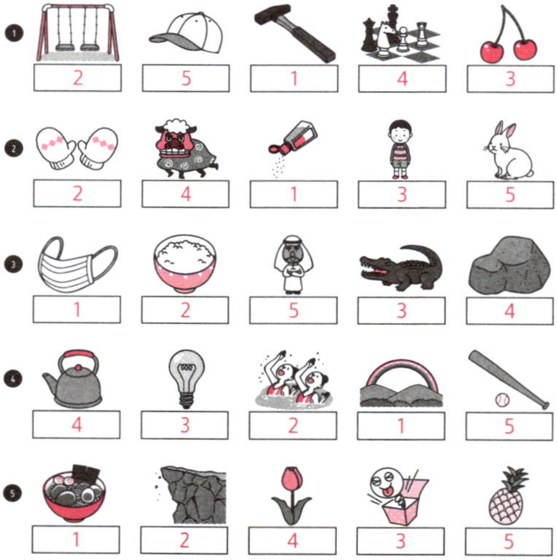


关联嗅觉训练②

2

## 关联嗅觉训练② 3

❶

| | | | | |
|---|---|---|---|---|
| 4 | 5 | 3 | 1 | 2 |

❷

| | | | | |
|---|---|---|---|---|
| 1 | 3 | 4 | 5 | 2 |

❸

| | | | | |
|---|---|---|---|---|
| 5 | 4 | 3 | 1 | 2 |

❹
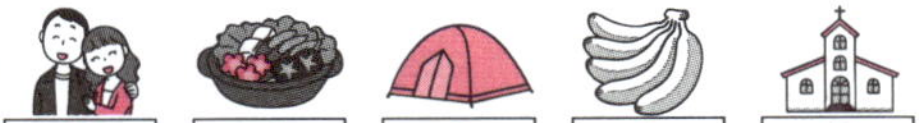

| | | | | |
|---|---|---|---|---|
| 3 | 4 | 2 | 1 | 5 |

❺

| | | | | |
|---|---|---|---|---|
| 1 | 3 | 5 | 4 | 2 |

## 关联嗅觉训练② 4

❶

| | | | | |
|---|---|---|---|---|
| 2 | 1 | 4 | 3 | 5 |

❷

| | | | | |
|---|---|---|---|---|
| 1 | 5 | 3 | 4 | 2 |

❸

| | | | | |
|---|---|---|---|---|
| 3 | 4 | 1 | 2 | 5 |

❹

| | | | | |
|---|---|---|---|---|
| 1 | 4 | 3 | 2 | 5 |

❺

| | | | | |
|---|---|---|---|---|
| 2 | 1 | 3 | 5 | 4 |

关联嗅觉训练②

**5**

❶

| | | | | |
|---|---|---|---|---|
| 1 | 4 | 3 | 2 | 5 |

❷

| | | | | |
|---|---|---|---|---|
| 5 | 2 | 4 | 3 | 1 |

❸

| | | | | |
|---|---|---|---|---|
| 3 | 5 | 1 | 4 | 2 |

❹

| | | | | |
|---|---|---|---|---|
| 1 | 2 | 4 | 3 | 5 |

❺

| | | | | |
|---|---|---|---|---|
| 2 | 1 | 3 | 4 | 5 |

关联嗅觉训练②

**6**

❶

| | | | | |
|---|---|---|---|---|
| 3 | 4 | 5 | 1 | 2 |

❷

| | | | | |
|---|---|---|---|---|
| 4 | 5 | 1 | 2 | 3 |

❸

| | | | | |
|---|---|---|---|---|
| 3 | 2 | 1 | 4 | 5 |

❹

| | | | | |
|---|---|---|---|---|
| 4 | 3 | 2 | 1 | 5 |

❺

| | | | | |
|---|---|---|---|---|
| 3 | 2 | 4 | 1 | 5 |

# 结语

如果你正在为自己的记忆力而烦恼，正在为工作和学习而努力，本书将是你的坚实伙伴。

正如书中所强调的，记忆的关键在于“情绪”，情绪调动起来了，记忆力就能够得到强化。因此，我在本书的创作过程中绞尽脑汁，就是为了大家能够轻松开心地投入到这本书的阅读中去。

希望大家在平时的生活中也能够享受与友人的闲聊，欣赏盛开的花朵，品尝美味的食物，感情丰富而又充满期待地度过每一天。因为在这样的生活中，我们对“灵光一闪”的感知也会变得更加敏锐，无论何时都能让记忆力得到有效的锻炼。

池田义博